人生是一门学问

告诉青少年如何成功做人做事

励志四重奏

汪长亮 ◎ 编著

郑州大学出版社
郑州

图书在版编目(CIP)数据

人生是一门学问:告诉青少年如何成功做人做事/汪长亮编著.—郑州:郑州大学出版社,2016.1

(励志四重奏)

ISBN 978-7-5645-1835-6

Ⅰ.①人… Ⅱ.①汪… Ⅲ.①人生哲学-青少年读物 Ⅳ.①B821-49

中国版本图书馆 CIP 数据核字(2014)第 095379 号

郑州大学出版社出版发行	
郑州市大学路40号	邮政编码:450052
出版人:张功员	发行部电话:0371-66966070
全国新华书店经销	
辉县市伟业印务有限公司印制	
开本:787 mm×1 092 mm 1/16	
印张:13	
字数:187 千字	
版次:2016 年 1 月第 1 版	印次:2016 年 1 月第 1 次印刷
书号:ISBN 978-7-5645-1835-6	定价:35.00 元

本书如有印装质量问题,请向本社调换

前言 Preface

做人做事是一门艺术,更是一门学问。很多人之所以一辈子都碌碌无为,那是因为他们不明白该怎样去做人做事,没有读懂人生这门学问。在人的一生中,青少年时期是极其重要的一个阶段。如果我们在青少年时期就接受了成功做人的教育,深刻通晓为人处世的道理,并且不断努力奋斗,那么下一个成功的人就是我们。

每一个人生活在现实社会中,都渴望着成功,很多有志之士为了心中的梦想,付出血汗,然而得到的却很少;我们很努力地去争取完成一个任务,但总是在最关键的地方节外生枝;很多学习很好的青少年朋友,甚至是状元优等生,在读书阶段,堪称人中翘楚,但走进社会的熔炉后,却难以成事,最终淹没在茫茫人海;等等。这个问题不能不引起人们的深思:我们不能说他们不够努力,不够勤劳,可为什么偏偏落得个一事无成的结局呢?这值得我们每一个青少年朋友去认真思考。很多年轻人踏入社会,胸怀凌云壮志,一心想成就一番事业。立志固然重要,但在一生中,做人比立志还重要,二者相互关联。

从表面上看,做人做事似乎很简单,有谁不会呢?其实不然,比如说我们当一名教师,主观愿望是授人以渔,但事实上却不受学生欢迎;我们去做生意,早出晚归,可偏偏赔了本。抛开这些表层现象,发掘问题的症结,我们就会发现事情的根本还在于处世的道理没有琢磨透彻,应该说做人做事是一门值得一辈子钻研和身体力行的学问。

做人做事涵盖全面,涉及生活的方方面面,要掌握这门学问,抓住其本质,需要来源于生活,从生活中找到最根本的规律,并加以总结提炼。从人生历程而言,成大事的准则,做事先做人的学问,大都体现在自身的品德修养及做人做事上。如果不在青少年时打好基础,就如同一座大厦而无稳固的基础,如同一棵没有深入植根的树木,不可能长成参天巨树。

本书汇集了青少年应懂得的做人哲理，涵盖了青少年自身修养、人际关系的营造、做人做事的方法、自我智慧的经营、洞察人性、突破自我等诸多方面，全面地、多角度地提升青少年为人处世的智慧。阅读此书是一次身心成熟的旅程，让我们站在更高的角度注视远方，寻找到人生路上的指示明灯，为踏上成功之路，走向幸福的明天助一臂之力。

编者
2013 年 12 月

目 录 Contents

第一辑　学会控制自己的欲望
　　控制欲望，适可而止 …………………………………… 3
　　控制你的情绪 …………………………………………… 4
　　拒绝坏习惯的纠缠 ……………………………………… 5
　　为人不做亏心事 ………………………………………… 6
　　保持自律的品质 ………………………………………… 7
　　小事上的高贵品质 ……………………………………… 9
　　懂得自制 ………………………………………………… 10
　　克制自己不去触碰罪恶的衣襟 ………………………… 11

第二辑　做个精神上的强者
　　拥有一技之长，你才会自强 …………………………… 15
　　在艰难中成长起来的强者 ……………………………… 16
　　靠独立奋斗赚取财富 …………………………………… 17
　　任何时候都不服输 ……………………………………… 18
　　不被困难所压倒 ………………………………………… 20
　　凡事只能靠自己 ………………………………………… 22
　　杜绝过分的依赖 ………………………………………… 24
　　只有自强奋斗，才会有收获 …………………………… 25

第三辑　绝不可以不相信自己
　　敢于推荐自己 …………………………………………… 29
　　对自己有足够的信心 …………………………………… 30
　　不管事情怎么样，总要保持本色 ……………………… 31
　　有自己的主见，不被他人所左右 ……………………… 32
　　没有人能打败你，除了你自己 ………………………… 33
　　找到自信的支点 ………………………………………… 35

最优秀的人就是你自己 …………………………………… 37
第四辑　任何时候都不要轻视自己
　　懂得自我尊重的人才会尊重别人 …………………………… 41
　　不因贫穷而失去尊严 ………………………………………… 42
　　人活着要有尊严 ……………………………………………… 43
　　互相尊重才是处世之道 ……………………………………… 44
　　从小培养自尊意识 …………………………………………… 46
　　在穷困中保持自立精神 ……………………………………… 47
　　主动尊重他人 ………………………………………………… 48

第五辑　脚踏实地的奋斗
　　成功是没有捷径可走的 ……………………………………… 53
　　少壮不努力，老来没成就 …………………………………… 54
　　抓住一个目标，锲而不舍 …………………………………… 55
　　凭自己的努力创造命运 ……………………………………… 56
　　成功需要努力 ………………………………………………… 57
　　学习永没有尽头 ……………………………………………… 58
　　保持勤奋好学的心态 ………………………………………… 59
　　熟能生巧 ……………………………………………………… 61

第六辑　做事有始有终
　　明确自己的责任 ……………………………………………… 65
　　责任感能激发人的潜能 ……………………………………… 66
　　点燃热忱，发挥自己的特长 ………………………………… 68
　　谁都不能逃避责任 …………………………………………… 70
　　从责任心看内在品质 ………………………………………… 71
　　将尽职尽责进行到底 ………………………………………… 72
　　为他人负责 …………………………………………………… 73

第七辑　具备一往无前的勇气
　　不丧失勇气 …………………………………………………… 77
　　做错事要敢于认错 …………………………………………… 78
　　遭遇波折，镇定待之 ………………………………………… 79
　　让智慧与勇敢携手合作 ……………………………………… 81
　　用笑脸迎接困境 ……………………………………………… 82

不向权威低头 ……………………………… 83
　　敢于冒险 ………………………………… 84
　　倒下去应该迅速站起来 …………………… 87

第八辑　绝不轻言放弃
　　拥有永不服输的心 ………………………… 91
　　生命是属于强者的 ………………………… 92
　　不经锻炼，终难成器 ……………………… 93
　　在艰难的遭遇里不屈服 …………………… 94
　　拥有坚持不懈的恒心 ……………………… 95
　　痛苦并非坏事 ……………………………… 96
　　抓住生存的希望之绳不放弃 ……………… 98
　　意志坚强，战胜命运 ……………………… 99

第九辑　让仁爱之心常驻心中
　　无声的关怀 ……………………………… 105
　　宽容善意的谎言 ………………………… 106
　　拥有一颗善良的心 ……………………… 107
　　在心中播种善良的种子 ………………… 108
　　善良的人常会收获意外惊喜 …………… 110
　　爱心赢得友情 …………………………… 111
　　用一颗无私的心付出 …………………… 113

第十辑　宽则得从，能容人是大器
　　给人一个台阶下 ………………………… 117
　　驱除报复的心理 ………………………… 118
　　多一份体谅的心 ………………………… 120
　　不要让仇恨的种子在心中发芽 ………… 121
　　征服愤怒 ………………………………… 123
　　敞开胸怀去爱 …………………………… 124
　　容人之所长，方显大家风范 …………… 125
　　时刻保持豁达的心理 …………………… 126

第十一辑　诚信的力量
　　所作所为显示你的品格 ………………… 129
　　遵守诺言，你会获得更多快乐 ………… 130

心里有个诚实的底线 …………………………… 131
　　拥有诚实的光环 ………………………………… 132
　　保持你的正直不要被邪恶吞噬 ………………… 133
　　经营自己的名声 ………………………………… 134
　　有一种爱叫兑现承诺 …………………………… 135
　　别丢掉你的信誉 ………………………………… 137

第十二辑　时刻保持谦虚
　　永远保持谦虚 …………………………………… 141
　　千万不要自作聪明 ……………………………… 141
　　不能过于张扬自己的个性 ……………………… 143
　　学识才华无须用语言来吹捧 …………………… 144
　　做人切勿骄傲自大 ……………………………… 145
　　输在自己的优势上 ……………………………… 146
　　时刻记住该低头时就低头 ……………………… 147

第十三辑　分享是一种幸福
　　与人分享 ………………………………………… 151
　　满足藏在付出的怀抱里 ………………………… 152
　　分享与奉献时刻都在身边 ……………………… 153
　　生命的意义在于你拥有多少真情 ……………… 154
　　快乐就在于分享 ………………………………… 156
　　因为关怀充满希望 ……………………………… 157
　　以善良温暖人心 ………………………………… 158
　　懂得分享他人的忧伤 …………………………… 160

第十四辑　合作才能共同发展
　　拥有团队精神 …………………………………… 165
　　面临困境时，一定要团结 ……………………… 166
　　懂得互相帮助，团结合作 ……………………… 167
　　合作的技巧 ……………………………………… 168
　　积极拓展你的人脉 ……………………………… 170
　　团结互助，共同发展 …………………………… 171
　　善于与别人合作 ………………………………… 172

第十五辑　怀着一颗感恩的心

对生活怀有一颗感恩的心 ········· 177
谦恭的心胜过一切 ············· 178
不知感恩的人永不会幸福 ········· 179
懂得感激，让你收获更多 ········· 180
学会感谢生活 ··············· 181
感谢伤口 ················· 182
及时温暖受伤的心灵 ··········· 183
怎样看自己 ················ 184

第十六辑　回报父母的爱

孝顺是做人之本 ············· 189
最伟大的母爱 ··············· 190
珍视亲情 ················· 191
爱，需要大声地表达 ··········· 192
亲人之间相互理解 ············ 193
老牛拦水，无私的母爱 ·········· 195
别忽略父母默默付出的心 ········· 196
拥有孝心，才会享受家人带来的快乐 ··· 197

第一辑　学会控制自己的欲望

控制欲望，适可而止

自制力支配着我们的欲念，有些欲念它痛恶驱逐，有些欲念它通过健康的方式加以调节和恢复。自制力知道，最有分寸的欲望并不是为所欲为，而是适可而止。

——塞涅卡

曾有这样一个实验：让一群儿童分别走进一个空荡荡的大厅，在大厅最显眼的位置为每个孩子准备了一块软糖。测试老师对每一个将要走进去的孩子说："如果你能坚持到老师回来时还没把这块软糖吃掉的话，将会得到一个奖励——再给你一块软糖，也就是说，你将得到两块软糖。但是，如果你没等我回来就把糖吃掉的话，那么你只能得到这一块。"实验开始，孩子们依次走进大厅……

实验结果发现，有些孩子缺乏控制能力，大人不在，又受不了糖的诱惑，就把糖吃掉了。另外一些孩子，则牢牢记住了先前老师所讲的话，认为自己只要能够坚持一会儿，就可以得到两块糖，于是，尽量控制自己。他们并非不受糖的诱惑，只是努力地转移自己的注意力，他们有的唱歌，有的蹦蹦跳跳，有的干脆趴在桌子上睡觉，坚持不看那块软糖，一直等到老师的到来。

这样，他们就得到了奖励——第二块软糖。

专家们把孩子分成两组：能够抵御诱惑、坚持下来得到两块软糖的和不能够坚持下来、只得到一块软糖的孩子，并对他们进行了长期的跟踪调查。结果发现，在他们长大以后，那些只得到一块糖的孩子普遍没有得到两块糖的孩子获得的成就大。

这就说明，凡是小时候缺乏控制力的，今后无论他的智商如何高，他成功的概都很小；反之，那些小时候便懂得控制自己的孩子，往往能够更好地把握自己的人生。

心灵寄语

这个世界充满诱惑，财富的诱惑，权力的诱惑，美色的诱惑……太

多的诱惑在我们身边、眼前招手,许多人初尝到它的甜头,就再也难以控制自己,直到滑入堕落的深渊。只有能够抵御住初始诱惑的人,才能顺利地走向人生的康庄大道。

控制你的情绪

征服自己的感情和愤怒,就能征服一切。

——奥维德

有一个小男孩总是无法控制自己的情绪,常常无缘无故地发脾气。一天,他父亲给了他一大包钉子,让他每发一次脾气都用铁锤在他家后院的栅栏上钉一颗钉子。

第一天,小男孩共在栅栏上钉了 37 颗钉子。

过了几个星期,小男孩渐渐学会了控制自己的情绪,每天在栅栏上钉的钉子数目逐渐减少了。他发现控制自己的坏脾气比往栅栏上钉钉子要容易得多……最后,小男孩不再随便乱发脾气了。

他把自己的转变告诉了父亲。他父亲又建议说:"现在,你把栅栏上面的每一颗钉子都拔下来。"小男孩又把钉子一一拔了下来。

父亲拉着他的手来到栅栏边,对他说:"儿子,你做得很好。但是,你看一看那些钉子在栅栏上留下了那么多小孔,栅栏再也不会是原来的样子了。当你向别人发过脾气之后,你的言语就像那些钉孔一样,会在人们的心灵中留下疤痕。无论你说多少次对不起,那伤口都会永远存在。"

心灵寄语

有些心灵的伤害,是难以抚慰的,即使愈合了,也会在心上留下一道疤痕,就像栅栏上的钉孔,再也不会回到原来的样子。

脾气上来时,先等一等,想一想栅栏上的钉孔,你真的愿意让你的朋友、亲人,乃至爱人的心里留下永远抚不平的伤疤吗?控制你的情绪吧,千万不要再毫无保留地表达你的气愤,它只会伤害到对方,且无利于自己,这又何苦呢!

拒绝坏习惯的纠缠

我们的身体就像一座园圃,我们的意志是这园圃里的园丁……让它荒废不治也好,将它辛勤耕植也好,都在于我们的意志。

——莎士比亚

约翰尼·卡特很早就有一个梦想——当一名歌手。参军后,他买到了自己有生以来的第一把吉他。他开始自学弹吉他,并练习唱歌,自己还创作了一些歌曲。服役期满后,他开始努力工作以实现当一名歌手的夙愿,可他没能马上成功,没人请他唱歌,就连电台唱片音乐节目广播员的职位他也没能得到。他只得靠挨家挨户推销各种生活用品维持生计,不过他还是坚持练唱。他组织了一个小型的歌唱小组,在各个教堂、小镇上巡回演出,为歌迷们演唱。后来,他灌制的一张唱片奠定了他音乐生涯的基础。他吸引了两万名以上的歌迷,金钱、荣誉、在全国电视屏幕上露面——所有这一切都属于他了。他对自己坚信不疑,这使他获得了成功。

然而,卡特又经受了第二次考验。经过几年的巡回演出,他被那些狂热的歌迷拖垮了,晚上必须服安眠药才能入睡,而且还要吃些"兴奋剂"来维持第二天的精神状态。他沾染了一些恶习——酗酒、服用催眠镇静药和刺激兴奋性药物。他的恶习日渐严重,以致他对自己失去了控制能力。从此,他不是出现在舞台上,而是更多地出现在监狱里了,到后来,他每天必须吃一百多片药片。

当他从佐治亚州的一所监狱刑满出狱时,一位行政司法长官对他说:"约翰尼·卡特,今天我要把你的钱和麻醉药都还给你,因为你比别人更明白你有充分的自由选择自己想干的事。看,这就是你的钱和药,你选择吧!"

约翰尼·卡特选择了生活。他又一次肯定自己的能力,深信自己能再次成功。他回到纳什维利,并找到他的私人医生。医生不太相信他,认为他很难改掉吃麻醉药的坏毛病,医生告诉他:"这比找上帝还难。"

约翰尼·卡特并没有被医生的话吓倒,他知道"上帝"就在他心

中，他决心"找到上帝"，尽管这在别人看来几乎不可能。他开始了他的第二次奋斗。他把自己锁在卧室闭门不出，一心一意就是要戒掉吃催眠镇静药的瘾，为此他忍受了巨大的痛苦，经常做噩梦。后来在回忆这段往事时，他说，他总是昏昏沉沉，好像身体里有许多玻璃球在膨胀，突然一声爆响，只觉得全身布满了玻璃碎片。当时摆在他面前的，一边是麻醉药的引诱，另一边是他奋斗目标的召唤，结果他的信念占了上风。

九个星期以后，他又恢复到原来的样子，睡觉也不再做噩梦。他努力实现自己的计划。几个月后，他重返舞台，再次引吭高歌。他不停息地奋斗，终于又一次成为超级歌星。

心灵寄语

习惯可以成就一个伟大的人，同样也可以毁灭一个成功的人。拒绝坏习惯的纠缠，拒绝坏习惯无休止地拖累你健康的体魄和健全的意志，用刚强的意志战胜坏习惯，你会发现生活的天空格外绚烂。

为人不做亏心事

责备人的人需要正直地生活、正直地走，再以同样的话去教导人。

——伊索

在奥普多湖的中心岛上，一个十一岁的男孩常常坐在他家小屋前的码头旁静心于湖中垂钓。

在开禁钓鲈鱼的头天晚上，他和父亲很早就来到了湖边，撒出蛆虫来诱钓鲈鱼和翻车鱼。孩子把银白色的小饵食穿在鱼钩上掷往湖中。在落日的余晖里，鱼钩激起阵阵多彩的涟漪，水波又随着月亮的照射，荡漾起圈圈银光。

当渔竿被有力地牵动时，孩子明白水底下有个大东西上钩了。父亲在一旁赞赏地看着儿子敏捷纯熟地沿着码头慢慢收钩。

孩子小心翼翼，终于把一条精疲力竭的大鱼提出了水面。呵！这是

第一辑　学会控制自己的欲望

他见到过的最大的一条鱼！是条鲈鱼。

父子俩兴奋异常地瞧着这尾大鱼，月光下隐约可见鱼鳃在翕动。父亲划根火柴看看手表，整十点——离开禁时间还差两小时。

父亲看看鲈鱼，又看看儿子，终于说："孩子，你必须把鱼放回湖里去。"

"爸爸！"儿子不禁叫了起来。

"我们还能钓到其他的鱼。"

"哪里能钓得到这么大的一条！"儿子大声嚷着。

与此同时，孩子举目环视，朗朗月光下见不着任何钓鱼人和捕鱼船，他又眼巴巴地盯住了父亲。尽管此时此刻没有任何人看见他们，也不会有谁知道他是什么时候钓到这条鱼的，但是从父亲坚定的语调里，孩子明白父亲的决定毫无通融的余地。他只好慢慢从大鲈鱼口中拔出鱼钩，将它放回深深的湖里。鲈鱼扑腾扑腾摆动了几下，它壮实的躯体便销声匿迹了。儿子满腹惆怅，他想他再也不会钓到这么大的鱼了。

事情过去几十年了，现在那孩子已成为纽约一位功成名就的建筑师。他父亲的小屋仍然伫立在湖心小岛上，而今已为人父的他也常常带着自己的儿女到当年的码头来领略钓鱼的情趣。

他没有说错，他再也没有钓到过那天晚上那么大的、令人爱不释手的鱼。然而，在现实生活的为人处世中，每当遇到有悖于良心道德的事情时，他眼前总是会一次又一次地浮现出那条难忘的大鲈鱼。

心灵寄语

放鱼归湖是一种高尚的境界，能否时刻遵守内心的道德底线将成为考验我们人格的试金石。在长长的一生中，请时刻牢记：为人不做亏心事！因为，在我们心底，有一双正直的眼睛在看着你。

保持自律的品质

正像太阳会从乌云中探出头来一样，布衣粗服，可以格外显出一个人的正直。

——莎士比亚

战国时期，有个叫乐羊子的人，他的妻子诚实善良，知书达理，虽然家境贫寒，却非常自爱，从不拿别人的东西，即使是捡来的也不要。

一天，乐羊子的妻子到地里去干活，只有乐羊子的妹妹在家。她看见邻居家的一只母鸡跑到自己家的菜地里，于是就想：鸡是自己送上门的，并且还偷吃我家的菜，这可怪不得我，正好杀了这鸡炖给嫂子吃，也让嫂子补补身子。于是，她就将那只母鸡抓住杀了。

傍晚，乐羊子的妻子从田里干活回来，看到碗里的鸡肉，就问："妹妹，咱们家的鸡一只也不少，这是哪来的鸡肉啊？"

乐羊子的妹妹不敢对嫂子有所隐瞒，就如实回答了。

嫂子听了之后，说："我们虽然穷，但是无论如何也不能拿别人的东西。想一想，这也是人家辛辛苦苦养的生蛋的鸡，我们怎么能白吃呢？"说着就将自己家鸡栅栏里最肥的一只下蛋鸡送到邻居家，并且诚恳地向邻居赔礼道歉。

又有一次，乐羊子在路上捡到一块金子，就高高兴兴地拿回家把它交给了妻子。妻子问："这金子是哪里来的？"

乐羊子说："是在路上捡的。"

妻子说："这是别人的东西，我们不能要。"

乐羊子辩解道："反正也找不到主人了，留下也没关系。"

妻子严肃地说："别人的东西怎么也不能说成自己的。即使是人家不小心丢掉，被你捡来了也不能就把它当做自己的东西。我听说，有志气的人连泉名叫'盗泉'的水都不喝，自律廉洁的人对于捡来的东西也不会要。如果你为了贪图小利，把这块金子留下了，就是不自律的表现。你得到了这块金子，却丢失了廉洁自律的高尚品行，你说哪个值得呢？"

乐羊子听了觉得非常惭愧，于是将金子放回原处。

后来，乐羊子终在外学有所成，成为魏国文侯的大将军，被魏文侯封灵寿君。

心灵寄语

高尚无私的妻子能够成就一个真正的强者。正因为乐羊子的妻子督促着丈夫保持自律的品质，才使他得以有所成就。自律就是一个人成功的基本素质，懂得自律，你就能有所成就。

小事上的高贵品质

哪怕对自己的一点小小的克制，也会使人变得强而有力。

——高尔基

几年前，钱先生来到世界闻名的高科技区"硅谷"——美国加州的圣何塞市。

钱先生抵达加州之后，发现加州的气候得天独厚。这里空气清新，阳光明媚，四季温暖如春，到处是鲜花绿草，他觉得自己仿佛走进了一个无边无际的花园之中。

一天，钱先生正在随意漫步，忽然眼前一亮，前面出现了一条金色大道，人行道上种的是一株株橘树，沉甸甸、黄澄澄的橘子挤满了枝头。花旗蜜橘是世界闻名的鲜果，今天，在美利坚合众国的土地上见到它，浑圆结实，果皮上闪着油光，钱先生感到非常亲切。突然，他想到这样一个问题：这些橘子已经成熟了，怎么还长在树上？是因为它酸，所以没有人采吗？他决定问个清楚。

钱先生沿着橘子树来回足足兜了半小时，无奈无一过往行人，他正想掉转方向准备回到住处。这时，他突然见到前方一个背着书包、脚踩旱冰鞋的学生模样的孩子正奋力而有规律地甩动着双臂朝自己滑来。

钱先生有礼貌地对孩子说："劳驾，孩子，你能回答我一个问题吗？"

美国孩子大多数是活泼大方不见外的，见到有人要他回答问题，这个孩子马上把旱冰鞋尖向地上一点，来了一个急刹车。"当然可以。"孩子拿出手帕擦着他布满雀斑的脸上的汗水说，"只要是我知道的。"

"圣何塞的橘子是酸的吗？"钱先生指着橘子树直率地问。

"不。"孩子摇摇头自豪地说，"这里的橘子可甜呐！"

"那你们为什么不采？"钱先生指着一只熟透的橘子说，"让它掉在地上烂掉多可惜。"

"对不起，先生，我该怎么回答你提出的问题呢？"孩子摊摊手，耸耸肩笑着对他说，"我为什么要吃路边的橘子呢？它不是属于我的。"

孩子说着和钱先生挥手道别，又开始有规律地甩动双臂向远处滑去。

"这不是属于我的。"望着早已远去的孩子的背影，钱先生寻思着这个简单朴素，但又包含社会公德准则的语言，这是闪闪发光、掷地有声的语言呀！

心灵寄语

"这不是属于我的。"然而，正直却可以属于你。生活中不会发生那么多的大是大非，一句朴素的话语、一个看似简单平凡的行为，都有可能包含着对正直的理解与恪守。很多时候，高贵的品质就体现在平凡的小事上。

懂得自制

自尊、自知、自制，只有这三者才能把生活引向最尊贵的王国。

——丁尼生

南开大学有一个美国留学生叫凯瑟琳。寒假里，凯瑟琳随她的女同学张某到老家河南农村过年。大年初一，张家准备了一桌丰盛的酒席招待凯瑟琳。席上，张父特意以当地名酒款待嘉宾。张父给凯瑟琳斟了满满一杯酒，可是凯瑟琳只是礼貌地举杯，却滴酒不沾。

张家问其故，凯瑟琳说，她的家乡在美国西雅图州，当地的法律规定公民年满21岁才能饮酒，她才19岁，还未到饮酒的年龄。

张家人劝她，这里是中国，不是美国，入乡随俗嘛。再说，没有一个美国人会知道你在中国饮过酒。凯瑟琳却说，虽然自己身在国外，也应该遵守美国法律。名酒的味道很香，但她会克制自己，不到法定年龄，绝不饮酒。

凯瑟琳自始至终没有饮酒，张家人对这个19岁的美国姑娘十分敬佩。

寒假结束，凯瑟琳回到天津的时候，当地政府有关部门特意设宴款待凯瑟琳，凯瑟琳却委婉谢绝了。问其故，凯瑟琳说，美国的法律规定，

第一辑 学会控制自己的欲望

凡属官方的宴请,只能由政府官员出席。她是一个普通的美国人,不是政府官员,因此不能接受官方的宴请。当地政府一再做工作,凯瑟琳还是没有出席。

再说一个美国商人,他经常到中国做生意。有一次,一笔生意成交以后,中方宴请他。中方听说这个美国商人十分喜欢吃虹鳟鱼,席上,主人特意请著名厨师做了一道名菜:清炖虹鳟鱼。

这道菜上来以后,美国商人眼睛一亮,看得出,商人真的很喜爱这道菜。奇怪的是,商人夹了一块鱼肉以后,还没有送到嘴里就又送了回去,放下筷子不吃了。

主人忙问其故,商人说,这是一条有卵的虹鳟鱼,美国法律规定,要保护生态环境,不能吃有卵的母鱼。主人连忙说,这是在中国,不是美国,中国并没有这样的法律。美国商人说,我是美国人,走到哪儿,都要遵守美国的法律。

主人很尴尬,再次劝美国商人说,即使是这样,这条虹鳟鱼已经烧熟了,不吃浪费了岂不可惜!美国商人却说,即使浪费了,我也不能吃。美国商人自始至终都没有碰这条虹鳟鱼。

心灵寄语

"哪怕是对自己的一点小小的克制,也会使人变得强而有力。"一个要想有所成就的人如果缺乏自制力,就等于失去了方向盘和制动的汽车,必然会"越轨"或"出格",甚至"撞车""翻车"。而一个有自制力的人,通常不易被人打倒,能够做好分内的工作,不管是多么大的挑战皆能克服。

克制自己不去触碰罪恶的衣襟

口之所嗜,不可随也;心之所欲,不可恣也。

——葛洪

船从位于斯鸠利岩与卡吕布狄旋涡之间风大浪高的海峡中穿过,来

到广阔的大海上。船员们身心疲惫，趴在船桨上，想休息一会儿。

现在，休息的地方似乎已经近在咫尺了，因为在船的前方出现了一个美丽的岛屿，船员们可以听到牛羊被人赶进畜栏时发出的叫声。但是船长尤利西斯突然想到盲人预言家的鬼魂曾在死亡之地警告他：如果他的船员在太阳神的岛屿宰杀吞食神牛，将全部死去。于是尤利西斯把这个预言告诉船员们，命令他们从岛边经过。大副尤吕洛克生气地说船员们都累坏了，再也没有力气向前划了，必须上岸吃一顿晚饭，然后好好睡一觉。听尤吕洛克这样一说，所有的船员都异口同声地喊道他们不愿意再向前走了。尤利西斯无法逼迫他们从命，只能让他们发誓不要碰太阳神的神牛。船员们很爽快地答应了，然后上岸，吃饭，睡觉。

晚上，起了大风暴，黑云与浓雾遮蔽了大海与天空，狂暴的南风掀起的大浪拍打在海岸上，此时什么船也无法出海。这样的天气整整持续了一个月。在此期间，船员们吃光了船上的粮食，喝光了船上的葡萄酒。在饥饿的驱使下，他们开始捕鱼、猎杀海鸟，然而由于海上风大浪急，他们所获甚微。尤利西斯一个人来到岛中央，向诸神祈祷。祈祷完毕，他发现了一个可以遮风挡雨的地方，便进去休息。

尤吕洛克趁尤利西斯不在，召集船员猎杀凡人禁止触动的太阳神的神牛。尤利西斯醒来后，来到船边，闻到烤肉的气味，明白了所发生的一切。他开始斥责船员，但是既然那些牛羊已经被宰杀，他们只好又吃了六天。随后风暴停息了，太阳又君临上界。于是他们扯起船帆，重新起航。但是他们的邪恶行为将要受到惩罚，当他们航行到看不到海岛的地方时，天上聚集起阴云，大风吹断了桅杆，桅杆砸死了舵手，闪电击中了船中央，船体开始剧烈地摇晃起来，将全部船员掀翻到海水之中，使他们在大浪中像鸬鹚那样漂浮着。

最后只有尤利西斯用一根绳子把折断的桅杆与龙骨拴在一块儿，做成一个简易的木筏，被大风吹到一个可以避风的小岛附近。

心灵寄语

这个故事给我们以无尽的启示。在现实生活中，类似"神牛"这样的诱惑无处不在，若不能克制自己而去触碰罪恶的衣襟，现实的惩罚将是很严厉的。

第二辑　做个精神上的强者

拥有一技之长，你才会自强

每一个人都是靠自己的本事而受人尊重的。

——伊索

45岁的丽珍移居去了美国。大凡去美国的人，都想早一点拿到绿卡。她到美国3个月后，就去移民局申请绿卡。与丽珍一起申请绿卡的还有另外一位中年妇女，从这位妇女被晒成古铜色的皮肤看，可以断定她是一位户外工作者。出于好奇，丽珍上前和她搭话，一问才知道她来自中国北方农村，因为女儿在美国，才申请来美。她只读完小学，连汉语表达都不太好。

可就是这样一位英语只会说"你好""再见"的中国农村妇女，也在申请绿卡。她的申报理由是"有技术专长"。移民官看了她的申请表，问她："你会什么？"她回答说："我会剪纸画。"说着，她从包里拿出一把剪刀，轻巧地在一张彩色亮纸上飞舞，不到3分钟，就剪出栩栩如生的各种动物图案。

美国移民官瞪大眼睛，像看变戏法似的看着这些美丽的剪纸画，竖起手指，连声赞叹。这时，她从包里拿出一张报纸，说："这是德国一家报纸刊登的我的剪纸画。"

美国移民官一边看，一边连连点头，说："OK！"

她就这么获得了签证。旁边和她一起申请而被拒绝的人既羡慕又嫉妒。

心灵寄语

自强也需要一定的资本，你必须有一技之长，或者有某种特质，否则，空有要自强的口号，一切只会保持老样子，而不会有任何改变。

在艰难中成长起来的强者

逆境给人宝贵的磨炼机会。只有经得起环境考验的人，才能算是真正的强者。

——松下幸之助

"贝贝！贝贝！快起床念书。"妈妈的几声轻唤把贝贝从美梦里惊醒。妈妈真狠心，这么冷的天，早晨六点就催人起床。贝贝很想在暖和的被窝里美美地多睡一会儿觉，但还是听妈妈的话起床了。贝贝来到洗手间，打开自来水，手一伸进水里，就触电似的缩了回来。"我的妈呀！"她不禁叫了一声。于是她打了一盆热水洗脸。啊，这下可舒服多了。

贝贝背完书，拿着妈妈给的几元钱去吃早点。妈妈说，她随后就到。

刚出家门，一阵阵呼啸的北风扑面而来，像刀割在脸上似的。贝贝不停地对双手呵气，她来到早餐点，买了一碗大排面、一笼包子吃了起来。

这时，从洗碗池边传来了一阵阵清脆的水流声、洗碗声。贝贝寻声望去，只见一个大约十二岁的小男孩侧身对着她不停地洗着碗。当他抬起手时，贝贝看到那是一双布满裂痕的小手。洗碗池边堆放着一摞摞的脏碗。洗完了碗，只见他坐下来，从旁边的书包里拿出一本第九册的课本，就着略显昏暗的灯光，有感情地读起第24课《一分试验田》来。他那认真劲儿，不由得使贝贝想起"凿壁偷光""囊萤映雪"的故事。"贝贝，快吃！"妈妈的话打断了她的思绪，她便大口大口地吃起来。

"老板，你又雇了一名童工呀，这可是违法的哟！"妈妈戏问老板。

"哪儿呀，是这个小男孩自己要来的。你可不知道，他是个懂事的孩子。前些时他父亲去世了，不久前，他母亲又病倒在床上。为了接济家里，他死活要来我这儿洗碗挣点钱。"

听到这儿贝贝想起来了，那个小男孩正是邻班的同学胡伟，他是全校唯一受"希望工程"补助的"三好"学生。上星期在办公室里，他的班主任批评他经常迟到，成绩下降，可他只是哭，什么也没说。

吃过早餐,贝贝帮胡伟一起做完活。上学路上贝贝问道:"那天老师批评你,你为什么不说出真相?"他说:"我怕老师告诉妈妈,妈妈会很伤心的。她再困难也不会让我打工的。"

贝贝看见这时的胡伟眼角里流出泪水,内心感受着他的自强自立,她的视线也模糊了……

心灵寄语

成功绝非上苍的恩赐,坎坷艰难的生活,正是上苍给你的考验,你可以选择逃避,也可以选择锲而不舍地奋斗拼搏。当你的努力最终迎来成功的满怀拥抱时,你会感受到强者往往就是在艰难中成长起来的。

靠独立奋斗赚取财富

为了成功地生活,少年人必须学习自立,铲除埋伏于各处的障碍。家庭要教养他,使他具有为人所认可的独立人格。

——戴尔·卡耐基

有一个美国小男孩,父母在生活上对他要求很严,平时很少给他零花钱。8岁的时候,有一天他想去看电影,身上却分文全无。是向爸妈要钱,还是自己挣钱?他第一次开始思考这样的问题。最后,他选择了后者。他自己调制了一种汽水,把它放在街边,向过路的行人出售。可那时正是冬天,没有人购买,最后只等到两个顾客——他的爸爸和妈妈。

他依旧不停地寻找机会。

一天吃早饭时,父亲让他去取报纸——送报员总是把报纸从花园篱笆中一个特制的管子里塞进来。想看报纸时必须到房子的入口处去取,虽然只需要走二三十步路,但也是非常麻烦的事情。

当他为父亲取回报纸的时候,一个主意诞生了。当天他就挨个按响邻居的门铃,对他们说,每个月只需付给他1美元,他就每天早晨把报纸塞到他们的房门下面。大多数人都同意了,这个小男孩很快就有了70多个顾客。一个月后,他第一次赚到了一大笔钱,那时候,他快乐得简直像飞上了天。

但他并没有满足现状。经过一段时间的思考,他决定让他的顾客每天把垃圾袋放在门前,然后由他早晨送报时顺便扔到垃圾桶里——每个月另加1美元。他的客户们很赞赏这个点子,于是他的月收入增加了一倍。后来他还为别人喂宠物、看房子、给植物浇水,他的月收入随之直线上升。

一年后,他开始学习使用父亲的电脑。他学着写广告,而且开始把小孩子能够挣钱的方法全部写下来。因为他不断有新的主意,并马上实施,所以很快他就有了丰厚的积蓄。他母亲帮他记账,好让他知道什么时候该向谁收钱。

后来,他必须雇用佣别的孩子为他帮忙,然后把收入的一半付给他们。

一个出版商注意到了他,并说服他写了一本书,书名叫《儿童挣钱的250个主意》。于是,他在12岁时,就成了一名畅销书作家。

后来电视台邀请他参加许多儿童谈话节目,他在电视里表现得非常自然,受到许多观众的喜爱。到15岁的时候,他有了自己的谈话节目。

17岁时,他已经成了百万富翁。

心灵寄语

依靠拐杖走路,是很多人的一种懒惰行为。对于能拼能赢者而言,他们习惯选择扔掉拐杖,迈动自己的双脚!

这样做当然会很累,当然比依赖别人辛苦多了,可是,与其现在享受依赖带来的一时轻松,不如靠自己的独立奋斗为将来获得更大的享受而吃点苦。

任何时候都不服输

无论做什么事情,只要肯努力奋斗,是没有不成功的。

——牛顿

这是一位现在某高等学府就读的本科生讲述的故事:

上高中的时候,我们班只是个普通班,比起由尖子生组成的六个实验班来说,考上大学的机会不多。因此除了几个学习好的同学很努力外,大多数人都等着混个文凭,然后找份工作。我们的班主任兼英语老师是个刚从师范学院毕业的学生,他非常敬业,每日催着我们学习学习再学习。但是说归说,由于抱着破罐破摔的想法,我们的成绩仍然上不去,在全校各科考试中屡屡落败。

直到高二的一次英语联考,我们班的成绩破天荒地超过了几个实验班,这让我们接连兴奋了好几天。

发卷的时候到了,老师平静地把卷子发给我们。我们正欣喜地看着自己几乎从没得过的高分,老师说:"请同学们自己计算一下分数。"数着数着,我的分竟比实际分数高出20分。同学们也纷纷喊了起来:"老师怎么给我们多算了20分?"课堂上乱了起来。

老师摆了摆手,班上静了下来。他沉重地说:"是的,我给每位同学都多加了20分,这是我为自己的脸面也是为你们的脸面多加的20分。老师拼命地教你们,就是希望你们为老师争口气,让老师不要在别的老师面前始终低着头,也希望你们不要在别班同学的面前总是低着头。"老师接着说:"我来自山村,我的父母都去世得早。上中学时我连红薯土豆都吃不起;放暑假,我到建筑工地拉砖,曾因饥饿而晕倒,但我就是凭着一股要强的精神考上大学。生活教会我在任何时候都不能服输,而你们只不过被分在普通班就丧失了信心,我很替你们难过。"

这时候教室里安静极了,同学们都低下了头。老师继续说:"我希望我的学生也做要强的人,任何时候都不服输!现在还只是高二,离高考还有一年多的时间,努力还来得及,愿你们不用靠老师弄虚作假就能拿到足够的分数,让老师能把头抬起来,继续要强下去。"

"同学们,拜托了!"说完,老师低下头,竟给我们深深地鞠了一躬。当他抬起头的时候,我们看到他的眼角流出了泪水。

"老师!"班里的女生们都哭了起来,男生的眼里也含满了泪水。

那一节课,我们什么也没有学。但一年后的高考,我们以普通班的身份夺得了全校高考第一名。据校长讲,这在学校的历史上是从未有过的。

我们每一个学生都记住了老师的眼泪。

心灵寄语

没有哪一个人天生就是弱者，没有哪一种生活是原本就该如此的。永不放弃的精神，是战胜一切的武器。

不被困难所压倒

就命运是一种神秘的外在力量而言，人不能支配命运，只能支配自己对命运的态度。一个人越是能够支配自己对于命运的态度，命运对于他的力量就越小。

——周国平

1940 年 6 月 23 日，在美国一个贫困的铁路工人家庭，一位黑人妇女生下了她一生中的第二十个孩子，是个女孩，取名威尔玛·鲁道夫。众多的孩子让这个贫困的家庭更加捉襟见肘，连怀孕的母亲也常常饿肚子，营养不良使得威尔玛早产，这就注定了威尔玛的先天性发育不良。

威尔玛 4 岁那年，不幸同时患上了双侧肺炎和猩红热。在那个年代，肺炎和猩红热都是致命的疾病。母亲每天抱着小威尔玛到处求医，医生们都摇头说难治，她以为这个孩子保不住了。然而，这个瘦小的孩子居然挺了过来。威尔玛勉强捡回来一条命，但因为猩红热引发了小儿麻痹症，她的左腿却因此残疾了。从此，幼小的威尔玛不得不靠拐杖来行走。看到邻居家的孩子追逐奔跑时，威尔玛的心中蒙上了一团阴影，她沮丧极了。

在她生命中那段灰暗的日子里，经历了太多苦难的母亲不断地鼓励她，希望她相信自己并超越自己。虽然有一大堆孩子，母亲还是把许多心血倾注在这个不幸的小女儿身上。母亲的鼓励给了威尔玛希望的阳光，威尔玛曾经对母亲说："我的心中有个梦，不知道能不能实现。"母亲问威尔玛的梦想是什么。威尔玛坚定地说："我想比邻居家的孩子跑得还快！"母亲虽然一直不断地鼓励她，可此时还是忍不住哭了，她知道孩子的这个梦想将永远难以实现，除非奇迹出现。

在威尔玛5岁那年，一天，母亲听说城里有位善良的医生免费为穷人家的孩子治病，母亲便把女儿抱进手推车，推着她走了3天，来到城里的那家医院。母亲满怀希望地恳求医生帮助自己的孩子。医生仔细地为威尔玛做了检查，然后进到里屋。医生出来的时候拿了一副拐杖。母亲对医生说："我们已经有拐杖了。我希望她能靠自己的腿走路，而不是借助拐杖。"医生说："你的孩子患的是严重的小儿麻痹症，只有借助拐杖才能行走。"

坚强的母亲没有放弃希望，她从朋友那里打听到一种治疗小儿麻痹症的简易方法，那就是泡热水和按摩。母亲每天坚持为威尔玛按摩，并号召家里的人一有空就为威尔玛按摩。母亲还不断地打听治疗小儿麻痹症的偏方，买来各种各样的草药为威尔玛涂抹。

奇迹终于出现了！威尔玛9岁那年的一天，她扔掉拐杖站了起来。母亲一把抱住自己的孩子，泪如雨下。4年的辛苦和期盼终于有了回报！

11岁之前，威尔玛还是不能正常行走，她每天穿着一双特制的钉鞋练习走路。开始时，她在母亲和兄弟姐妹的帮助下一小步一小步地行走，渐渐地她能穿着钉鞋独自行走了。11岁那年的夏天，威尔玛看见几个哥哥在院子里打篮球，她一时看得入了迷，看得自己心里也痒痒的，就脱下笨重的钉鞋，赤脚去和哥哥们玩篮球。一个哥哥大叫起来："威尔玛会走路了！"那天威尔玛非常开心，赤脚在院子里走个不停，仿佛要把几年里没有走过的路全补回来。全家人都集中在院子里看威尔玛赤脚走路，他们觉得威尔玛走路比世界上任何节目都好看。

13岁那年，威尔玛决定参加中学举办的短跑比赛。学校的老师和同学都知道她曾经得过小儿麻痹症，直到此时腿脚还不是很利索，便都好心地劝她放弃比赛。威尔玛决意要参加比赛，老师只好通知她母亲，希望母亲能好好劝劝她。然而，母亲却说："她的腿已经好了，让她参加吧，我相信她能超越自己。"事实证明母亲的话是正确的。

比赛那天，母亲也到学校为威尔玛加油。威尔玛靠着惊人的毅力一举夺得100米和200米短跑的冠军，震惊了校园，老师和同学们也对她刮目相看。从此，威尔玛爱上了短跑运动，她想办法参加一切短跑比赛，并总能获得不错的名次。同学们不知道威尔玛曾经不太灵便的腿为什么一下子变得那么神奇，只有母亲知道女儿成功背后的艰辛。坚强而倔强的女儿为了实现比邻居家的孩子跑得还快的梦想,每天早上坚持练习短跑,直练到小腿发胀、酸痛也不放弃。

在1956年奥运会上,16岁的威尔玛参加了4×100米的短跑接力赛,并和队友一起获得了铜牌。1960年,威尔玛在美国田径锦标赛上以22秒9的成绩创造了200米的世界纪录。在当年举行的罗马奥运会上,威尔玛迎来了她体育生涯中辉煌的巅峰,她参加了100米、200米和4×100米接力比赛,每场必胜,荣获了3块奥运金牌。

心灵寄语

不断地征服困难,才使我们的生命充满乐趣,永不服输的信念是一种自我的肯定。强者不惧怕困难,更不会被困难压倒,即使暂时战胜不了,也不气馁,而是积蓄力量,等待时机。困难永远不能成为强者前进路上的阻碍。

凡事只能靠自己

危急之际,唯有专靠自己,不靠他人为老实主意。

——曾国藩

一人在屋檐下躲雨,看见观音正撑伞走过,于是这人说:"观音菩萨,都说您普度众生,请带我一段吧。"

观音说:"我在雨里,你在檐下,而檐下无雨,你不需要我来度。"

这人立刻跳出檐下,站在雨中,说:"现在我也在雨中了,您该度我了吧?"

观音说:"你在雨中,我也在雨中,我不被淋,因为有伞;你被雨淋,因为无伞。所以不是我度自己,而是伞度我。你要想度,不必找我,请找伞去!"说完便走了。

第二天,这人遇到了难事,便去寺庙里求观音。走进庙里,才发现观音的像前也有一个人在拜,那个人长得和观音一模一样。

这人问:"你是观音吗?"

那人答道："我正是观音。"

这人又问："那你为何还拜自己？"

观音笑道："我也遇到了难事，但我知道，求人不如求自己。"

求人不如求己，凡事只能靠自己。只有学会独立，才能在将来有所作为。

美国总统约翰·肯尼迪的父亲从小就注意对儿子独立性格和精神状态的培养。有一次他赶着马车带儿子出去游玩，在一个拐弯处，因为马车速度很快，猛地把小肯尼迪甩了出去。当马车停住时，儿子以为父亲会下来把他扶起来，但父亲却坐在车上悠闲地掏出烟吸起来。

儿子叫道："爸爸，快来扶我。"

"你摔疼了吗？"

"是的，我自己感觉已站不起来了。"儿子带着哭腔说。

"那也要坚持站起来，重新爬上马车。"

儿子挣扎着自己站了起来，摇摇晃晃地走近马车，艰难地爬了上来。

父亲晃动着鞭子问："你知道我为什么让你这么做吗？"

儿子摇了摇头。

父亲接着说："人生就是这样，跌倒、爬起来、奔跑，再跌倒、再爬起来、再奔跑。在任何时候都要全靠自己，没人会去扶你的。"

从那时起，父亲就更加注重对儿子的培养，如经常带着他参加一些大的社交活动，教他如何向客人打招呼、道别，与不同身份的客人应该怎样交谈，如何展示自己的精神风貌、气质和风度，如何坚定自己的信仰，等等。有人问他："你每天要做的事情那么多，怎么有耐心教孩子做这些鸡毛蒜皮的小事？"谁料约翰·肯尼迪的父亲一语惊人："我是在训练他做总统。"

心灵寄语

凡事都要靠自己，是一种气魄，也是一种能力。青少年现在或许还不具备这种能力，但不可缺少这种气魄。能力可以慢慢培养，但依靠自己的信心不能动摇，这就是自强。

杜绝过分的依赖

自己就是主宰一切的上帝，倘若你想征服全世界，你就得征服自己。

——海明威

莫妮卡是位年轻妇女，她总是很愿意让好朋友米娜来指引她的生活。

当她的垃圾处理装置出毛病后，她给米娜打电话，问米娜怎么办；订阅的杂志期满后，她也去问米娜是否再继续订；有时她不知晚饭该吃什么时，也给米娜挂电话询问意见。米娜一直像个称职的母亲一样，直到有一天出了乱子。那天，米娜的一个儿子摔了一跤，手臂给划了个口子，需要缝针。莫妮卡又打电话问问题了，由于非常疲倦，米娜严厉地说道："天哪！看在上帝的分上，莫妮卡，您就不能自己想想办法？就这一次！"说完就挂了电话。

莫妮卡对米娜的拒绝感到迷惑不解，她说："我还以为米娜是我的朋友呢。"

过分的依赖会损害你和朋友的关系，朋友并非父母，他们没有指导和保护你的义务，他们能给你支持，但不可能包办代替。你自己不能做决定，缺乏主见，就会使你受到朋友正确或错误的意见的影响。为此，你应该立刻决定，摆脱对朋友的依赖。

不仅仅是朋友，我们身边的任何人都会成为我们依赖的拐杖，不狠下心扔掉它，你永远也学不会走路、奔跑！

小璐上高中时，有一位体育老师教溜冰。

开始时，小璐不知道技巧，总是跌倒，所以老师给她一把椅子，让她推着椅子溜冰。

果然，此法甚妙，因椅子稳当，可以使她站在冰上如站在平地上一般，不再跌跤，而且，她可以推着它前行，来往自如。

小璐想，椅子真是好！

于是，她一直推着椅子溜。溜了大约一星期，有一天，老师来到冰场，看到小璐还在那儿推着椅子溜。这回他走上冰来，一言不发，把椅子从小璐手中搬走。

失去了椅子,小璐不自觉地惊惶大叫,脚下不稳,跌了下去,嚷着要那椅子。

老师在旁边,看着她在那里叫嚷,无动于衷。小璐只得自己想办法,站稳了脚跟。

这时小璐才发现,在冰上溜了这么久,椅子已帮她学会了许多。但推椅子只是一个过程,真要学会溜冰,非把椅子拿开不可——没有人带着椅子溜冰的,是不是?

心灵寄语

生活是多彩的,但也是严酷的,不只有五彩绚丽的快乐与幸福,还有冰霜雨雪的打击和考验。当暴风骤雨袭来时,你总不能还靠着别人来替你战斗吧?

只有自强奋斗,才会有收获

贫穷不会磨灭一个人高贵的品质,反而是富贵叫人丧失了志气。

——薄伽丘

诺贝尔物理学奖获得者亨利·布拉格虽然家庭生活极为贫困,但是在父亲的支持下,他始终没有放弃读书。布拉格学习非常刻苦,他懂得,只有努力学习,在考试时取得优异的成绩,才对得起父母的辛勤劳作以及他们对自己的厚望。正是凭借着优秀的成绩,布拉格才在小学毕业之后被保送到威廉皇家学院读书。

威廉皇家学院是英国一座很有名气的学府,在这里读书的大部分都是富贵人家的子弟,因而他们的穿着打扮都很时髦。与这些富家子弟相比,布拉格的打扮就显得极为寒酸了。尤其是他脚底下穿的那双破旧的皮鞋,在校园里更是十分显眼,引人注目。对于瘦小的他来说,那双鞋子穿在他脚上显得极不合适,明显是太大了,因为这本是他父亲穿的鞋子,父亲没钱给他买新鞋,只好把自己的鞋子送给了儿子。同学们见他这一身打扮，都向他投去鄙夷的目光，他们甚至像躲避瘟疫一样地躲避着布拉格。有的坏学生还向校长打报告，诬陷布拉格偷了别人的东西。校长听到此事以后，就把他叫到了办公室。

　　一见到布拉格进来，校长就非常严厉地问道："布拉格，现在有人说你拿了其他同学的东西，是不是有这回事？"听到校长问出这样的话，布拉格心里马上明白了怎么回事，但是他什么也没说，而是强忍着一肚子的委屈和怨气，把爸爸写给他的一封信递给了校长。校长打开信，只见上面写道："亲爱的儿子，很抱歉，让你穿着爸爸的鞋子去上学，我知道你会受到他人的嘲笑。但我相信，你是一个自强的好孩子，你不会因此而感到耻辱。你会努力去学习知识，等到你有了成就的那一天，你就会为曾穿过这样一双鞋子而感到骄傲和自豪的……"

　　校长读完这封信，不由得深受感动。他拍着布拉格的肩膀，用道歉的语气说道："布拉格，是我误会你了，我相信你会记住爸爸的话的，你一定要做个自强的好孩子。"

　　从那以后，布拉格依旧穿着爸爸那双旧皮鞋，他比以前更加努力学习。由于成绩优异，后来他又被保送到剑桥大学去深造。经过不懈的努力，布拉格在二十四岁那年就当上了大学教授，并最终成为一名举世闻名的物理学家。

心灵寄语

　　贫穷不是卑贱的理由，真正的高贵源于自强不息的灵魂。外表与家境只是上天对你初始的眷顾，但这并不能成为它一直偏爱你的资本，只有自强奋斗的人才会得到它最终的青睐。

第三辑　绝不可以不相信自己

敢于推荐自己

自信是承受大任的第一要件。

——詹森

毛遂是战国时代赵国平原君门下一名宾客,原本名不见经传。

公元前260年,秦国大将白起率大军攻打赵国,两年后,兵临赵国首府邯郸。赵王紧急指派平原君赵胜为使者,向楚国求救。平原君赵胜决定精选二十名文武兼备的门客,组成访问团前往楚国。此次前往游说楚王,只能成功,不能失败,若能够说动楚王出兵相救最好,文的不行也要来武的,一定要强迫楚王答应。

但赵胜手下虽号称宾客数千人,这时候能用得上的,居然凑不齐二十个。这时有个叫作毛遂的人自我推荐。赵胜不曾见过毛遂,对他毫无印象,便问道:"先生在我门下几年了?""三年。"毛遂答。赵胜一听,冷冷地说:"贤才处于世间,就像锥子在布袋里,锥尖自然会露出来。如今先生在我门下三年,没人称赞推举过你,可见你没什么能耐。你不适合去,留下来吧!"毛遂对这套说辞不以为然,他充满自信地反驳道:"如果早让我在布袋里,就会脱颖而出,岂止露个尖端而已?"赵胜见毛遂这么机灵,便让他参与,另外十九人都嘲笑他不自量力,只有毛遂自己显得胸有成竹。

赵胜一行人到了楚国,游说工作颇不顺利,从旭日初升到日正当中,向楚王阐述联合抗秦的重要,楚王却只是犹豫不决。在一旁的毛遂看在眼里,急在心里,他手按佩剑跨上台阶,大声对赵胜说:"合纵抗秦一事,利害得失一句话说清楚就可以定夺,怎么从日出谈到中午还不能决断?"

楚王见毛遂倨傲无礼,怒斥说:"还不下去?我和你主人讲话,你来干什么?"

毛遂果然胆识过人,他毫不退让,继续按剑向前说:"大王斥责我,是仗着楚国人多势众。但现在咱们相距不到十步,人多势众没有用,你的性命恐怕还操在我手上。"接着毛遂话锋一转,盛赞楚国兵多将广、地

大人多,有称霸的本钱,却臣服于秦,岂不是很窝囊?毛遂说:"白起(秦国大将)只是一个小角色,却曾率数万之众攻打楚国,火烧夷陵,毁去楚国宗庙,羞辱了楚国祖先(此事距当时20年),这是百世难解的怨仇,连我赵国都为你感到羞愧,大王却不以为耻。现在提倡联合抗秦,其实是为楚国啊!"

毛遂一席话,说得楚王哑口无言。当即,楚王和赵胜等一行人歃血为盟,订立同盟。赵胜圆满完成任务,回国后即将毛遂奉为上宾。

心灵寄语

所谓"世间千里马常有,而伯乐不常有。"要想在竞争如此激烈的社会中脱颖而出,不主动去吸引伯乐的注意是无法获得成功的。因此,生活中学会"毛遂自荐"是非常重要的。毛遂自荐,是需要一种勇气和胆识的,不自信的人。害怕失败的人是不敢尝试的。这也是大批不自信的人,被埋没的一个重要原因。

对自己有足够的信心

发明家全靠一股了不起的信心支持,才有勇气在不可知的天地中前进。

——巴尔扎克

他是英国一位年轻的建筑设计师,很幸运地被邀请参加了温泽市政府大厅的设计。他运用工程力学的知识,根据自己的经验,很巧妙地设计了只用一根柱子支撑大厅天顶的方案。

一年后,市政府请权威人士进行验收时,对他设计的一根支柱提出了异议。他们认为,用一根柱子支撑天花板太危险了,要求他再多加几根柱子。

年轻的设计师十分自信,他说:"只要用一根柱子便足以保证大厅的稳固。"他详细地通过计算和列举相关实例加以说明,拒绝了工程验收专家们的建议。

他的固执惹恼了市政官员，年轻的设计师险些因此被送上法庭。

在万不得已的情况下，他只好在大厅四周增加了4根柱子。不过，这四根柱子全部都没有接触天花板，其间相隔了不易察觉的两毫米。

时光如梭，岁月更迭，一晃就是300年。

300年的时间里，市政官员换了一批又一批，市政府大厅坚固如初。直到20世纪后期，市政府准备修缮大厅的天顶时，才发现了这个秘密。

消息传出，世界各国的建筑师和游客慕名前来，观赏这几根神奇的柱子，并把这个市政大厅称作"嘲笑无知的建筑"。最令人们称奇的，是这位建筑师当年刻在中央圆柱顶端的一行字：

自信和真理只需要一根支柱。

这位年轻的设计师就是克里斯托·莱伊恩，一个很陌生的名字。今天，能够找到的有关他的资料实在微乎其微，但在仅存的一点资料中，记录了他当时说过的一句话："我很自信。至少100年后，当你们面对这根柱子时，只能哑口无言，甚至瞠目结舌。我要说明的是，你们看到的不是什么奇迹，而是我对自信的一点坚持。"

心灵寄语

坚持己见源于对自己足够的信心，真理往往掌握在少数人手中，正确的事情需要你毫不动摇地坚持下去。总有一天，你会让质疑你的人哑口无言。

不管事情怎么样，总要保持本色

什么是人的首要责任？答案是简单的：保持自我。

——易卜生

曼森太太在回忆往事时曾这样说："我从小就因特别的敏感而腼腆，我的身体一直很胖，而我的一张脸使我看起来比实际的还胖得多。我有一个很古板的母亲，在她的教育下，我变得非常的害羞，觉得我跟其他人都不一样，完全不讨人喜欢。

"长大之后,我嫁给一个比我大好几岁的男人,可是我并没有改变。我丈夫一家人都很好,也充满了自信。他们就是我想成为的那种人。我尽最大的努力要像他们一样,可是我办不到。他们为了使我开朗而做的每一件事情,都只是令我更退缩到我的壳里去。我变得非常紧张不安,躲开了所有的朋友,情形坏到我甚至怕听到铃响。我知道我是一个失败者,又怕我的丈夫会发现这一点,所以每一次我们到公共场合的时候,我都假装很开心,结果常常做得太过分。我知道我做得太过分。事后我会为这个而难过好几天,最后不开心到使我觉得再活下去也没有什么意思了,我开始想自杀。"

是什么事改变了这个不快乐的女人的生活呢?只是一句随口说出的话。

曼森太太说道:"有一天,我的婆婆正在谈她怎么教育她的几个孩子,她说:'不管事情怎么样,我总会要求他们保持本色。'就是'保持本色'这句话!在那一刹那间,我才发现我之所以那么苦恼,就是因为我一直在试着让自己适应一个并不适合我的模式。

"在一夜之间我整个改变了。我开始保持本色。我试着研究自己的个性,试着发现我究竟是怎样的人,我研究我的优点,尽我所能地去学色彩和服饰知识,尽量以适合我的方式去穿衣服。我主动地去交朋友,我参加了一个社团组织。我每发一次言,就增加一点勇气。做这些花了很长的一段时间。今天我所有的快乐,是我从来没有想到可能得到的。在教育我自己的孩子时,我也总是把我从痛苦的经验中所学到的东西教给他们:不管事情怎么样,总要保持本色。"

心灵寄语

本色是一个人拥有的独一无二的东西,也是最宝贵的。谁也偷不走你的本色,人都无法复制你的本色。保持你的本色不变,就是你通行整个世界的独特标志。自信就是对自我的肯定,对自我本色的坚持。

有自己的主见,不被他人所左右

凡是有点干劲的,有点能力的,有点主见的人,他总是相信自己。

——邓小平

阿瑟刚当上军官时,心里很高兴。

每当行军时,阿瑟总是喜欢走在队伍的后面。

一次在行军过程中,他的敌人取笑他说:"你们看,阿瑟哪儿像一个军官,倒像一个放牧的。"

阿瑟听后,便走在了队伍的中间。他的敌人又讥讽他说:"你们看,阿瑟哪儿像个军官,简直是一个十足的胆小鬼,躲到队伍中间去了。"

阿瑟听后,又走到了队伍的最前面。他的敌人又说:"你们瞧,阿瑟带兵打仗还没打过一个胜仗,他就高傲地走在队伍的最前边,真不害臊!"

阿瑟听后,心想:如果什么事都得听别人的话,那么自己连路都不会走了。从那以后,他想怎么走就怎么走了。

心灵寄语

"走自己的路,让别人说去吧!"自己的路自己走,与他人何干?谁能替你走路,谁能替你做决定?谁又能站在你的立场上看问题?答案当然是没有人。自己的人生要自己做主,自己的命运需要自己主宰。人,要有自己的主见,不能总被他人的意见所左右。"走自己的路,让别人说去吧!"不是说要一意孤行,不接受他人意见,但关键的时候,能够依靠的只有自己。

没有人能打败你,除了你自己

一个人除非自己有信心,否则不能带给别人信心;已经信服的人,方能使人信服。

——马休·阿诺德

乔治·邦尼是一个经营着小本买卖的本分的美国人,几年前,他拥有平凡殷实的普通生活。然而,他觉得仍然不够理想,因为他们没有多余的钱去买他们想要的东西,他的妻子尽管没有抱怨,但显然她也不幸福。

于是，邦尼的内心深处变得越来越不满。当他意识到爱妻和他的两个孩子并没有过上好日子的时候，心里就感到深深的刺痛。

但是今天，一切都有了极大的变化。现在，邦尼有了一所占地2英亩的漂亮新家，他和妻子再也不用担心能否送他们的孩子上一所好的大学了，他的妻子在花钱买衣服的时候也不再有那种犯罪的感觉了。下一年夏天，他们全家都将去欧洲度假。邦尼过上了真正幸福的生活。

邦尼说："这一切的发生，是因为我利用了信念的力量。5年以前，我听说在底特律有一个经营农具的工作。那时，我们还住在克利夫兰。我决定试试，希望能多挣一点钱。我到达底特律的时间是星期天的早晨，但公司与我面谈还得等到星期一。晚饭后，我坐在旅馆里静思默想，突然觉得自己是多么的可憎。'这到底是为什么？'我问自己，'失败为什么总属于我呢？'"

邦尼不知道那天是什么促使他做了这样一件事：他取了一张旅馆的信笺，写下几个他非常熟悉的、在近几年内远远超过他的人的名字。他们取得了更多的权力和工作职责。其中两个原是邻近的农场主，现已搬到更好的边远地区去了，其他两个朋友曾经为他们工作过，最后一位则是他的妹夫。

邦尼问自己：什么是这五位朋友拥有的优势呢？他把自己的智力与他们做了一个比较，邦尼觉得他们并不比自己更聪明，而他们所受的教育，他们的正直、个人习性等，也并不拥有任何优势。终于，邦尼想到了另一个成功的因素，即主动性。邦尼不得不承认，他的朋友们在这点上胜他一筹。

当时已经快凌晨三点钟了，但邦尼的脑子还十分清醒。他第一次发现了自己的弱点。他深深地挖掘自己，发现自己缺少主动性是因为在内心深处，他并不看重自己。

邦尼坐着度过了残夜，回忆着过去的一切。从记事起，邦尼便缺乏自信心，他发现过去的自己总是在自寻烦恼，自己总对自己说不行、不行、不行！他总在表现自己的短处，几乎他所做的一切都表现出了这种自我贬值。

终于邦尼明白了：如果自己都不信任自己的话，那么将没有人信任你！

于是，邦尼做出了决定："我一直都把自己当成一个二等公民，从今

第三辑 绝不可以不相信自己

以后，我再也不这样想了。"

第二天上午，邦尼仍保持着那种自信心。他暗暗以这次与公司的面谈作为对自己自信心的第一次考验。在这次面谈以前，邦尼希望自己有勇气提出比原来工资高 750 美元甚至 1000 美元的要求。但经过这次自我反省后，邦尼认识到了他的自我价值，因而把这个目标提到了 3500 美元。结果，邦尼达到了目的，他获得了成功。

心灵寄语

自信是摘取成功硕果的手杖，突破自我需要勇气，然而这勇气常常是伴随着信心而生。没有人能打败你，除了你自己！

找到自信的支点

自信是走向成功之路的第一步，缺乏自信是失败的主要原因。

——莎士比亚

20 世纪 30 年代，英国一个不出名的小镇里，有一个叫玛格丽特的小姑娘，她在学校里永远是最勤奋的学生，是学生中的佼佼者。她以出类拔萃的成绩顺利地升入当时像她那样出身的学生绝少奢望进入的文法中学。

在玛格丽特满 17 岁的时候，她开始明确了自己的人生追求——从政。然而，那个时候，进入英国政坛要有一定的党派背景。她出生于保守党派氛围的家庭，但要想从政，还必须要有正式的保守党关系，而当时的牛津大学就是保守党员最大俱乐部的所在地。由于她从小受化学老师影响很大，同时又想到大学学习化学专业的女孩子比其他任何学科都少得多，如果选择其他的某个文科专业，那竞争就会很激烈。于是，她决定考入牛津大学萨默维尔学院学习化学。

一天，她终于勇敢地走进校长吉利斯小姐的办公室说："校长，我想现在就去考牛津大学的萨默维尔学院。"

女校长难以置信，说："什么？你是不是欠缺考虑？你现在连一节课

的拉丁语都没学过，怎么去考牛津？"

"拉丁语我可以学习掌握！"

"你才17岁，而且你还差一年才能毕业，你必须毕业后再考虑这件事。"

"我可以申请跳级！"

"绝对不可能，而且，我也不会同意。"

"你在阻挠我的理想！"玛格丽特头也不回地冲出校长办公室。

回家后她取得了父亲的支持，就开始了艰苦的学习与复习。这样，在她提前几个月得到了高年级学校的合格证书后，就参加了大学考试并如愿以偿地收到了牛津大学萨默维尔学院的入学通知书。玛格丽特离开家乡到牛津大学去了。

上大学时，学校要求学5年的拉丁文课程。她凭着自己顽强的毅力和拼搏精神，在1年内全部学完了，并取得了相当优异的考试成绩。其实，玛格丽特不光是学业上出类拔萃，她在体育、音乐、演讲及学校活动方面也颇赋才艺。所以，她所在学校的校长也这样评价她："她无疑是我们建校以来最优秀的学生，她总是雄心勃勃，每件事情都做得很出色。"

40多年以后，这个当年对人生理想孜孜以求的姑娘终于得偿所愿，成为英国乃至整个欧洲政坛上一颗耀眼的明星，她就是连续4年当选保守党党魁，并于1979年成为英国第一位女首相，雄踞政坛长达11年之久，被世界政坛誉为"铁娘子"的玛格丽特·撒切尔夫人。

心灵寄语

要有自信，然后全力以赴——假如有这种信念，事情十有八九都能成功。

年轻的玛格丽特面对校长的质疑时没有屈服，因为她自信。如同爱默生说过的一句话："相信你自己的思想，相信你内心深处认为是正确的。"自信不是要妄自尊大，它需要深厚的知识和经验积累作为坚强的后盾。

找到自信的支点，撑起自信的支柱。如果你确信你是正确的，那么就坚定它。因为最终能为你证明的肯定是事实，而非权威、老师等。请记住杜·伽尔的一句话："我力量的真正源泉，是一种暗中的、永不变更的、对未来的信心，甚至不只是信心，而是一种确信。"

第三辑 绝不可以不相信自己

最优秀的人就是你自己

自信和希望是青年的特权。

——大仲马

风烛残年的柏拉图知道自己时日不多了,就想考验和点化一下他的那位平时看来很不错的助手。他把助手叫到床前说:"我需要一位最优秀的传承者,他不但要有相当的智慧,还必须有充分的信心和非凡的勇气……这样的人选直到目前我还未见到,你帮我寻找和发掘一位好吗?"

"好的,好的。"助手很温顺、很诚恳地说,"我一定竭尽全力去寻找,以不辜负您的栽培和信任。"

那位忠诚而勤奋的助手,不辞辛劳地通过各种渠道开始四处寻找。可他领来一位又一位,却被柏拉图一一婉言谢绝了。有一次,病入膏肓的柏拉图硬撑着坐起来,抚着那位助手的肩膀说:"真是辛苦你了,不过,你找来的那些人,其实还不如你……"

半年之后,柏拉图眼看就要告别人世,最优秀的人选还是没有眉目。助手非常惭愧,泪流满面地坐在病床边,语气沉重地说:"我真对不起您,令您失望了。"

"失望的是我,对不起的却是你自己。"柏拉图说到这里,很失望地闭上眼睛。停顿了许久,他又不无哀怨地说:"本来,最优秀的人就是你自己,只是你不敢相信自己,才把自己给忽略、给耽误、给丢失了……其实,每个人都是最优秀的,差别就在于如何认识自己、如何发掘和重用自己……"话没说完,一代哲人就这样永远离开了这个世界。

那位助手非常后悔,甚至整个后半生都在自责。

心灵寄语

你可以敬佩别人,但绝不可忽略了自己;你可以相信别人,但绝不可以不相信自己。我们应该牢记柏拉图的这句至理名言:最优秀的人就是你自己!一个人只有首先相信自己,才能说服别人来相信你;如果连自己都不相信自己,那么这意味着你已失去在这个世界上最可依靠的力量。

第四辑　任何时候都不要轻视自己

懂得自我尊重的人才会尊重别人

在所有缺点中,最无可救药的是轻视我们自己。

——蒙田

几年前,杰克在中国香港出席一次教育会议,要做主题报告,并且开办促进学生感情健康的培训班。其中有一个班令人难忘:教育者在亚洲和太平洋地区的国际学校工作,学生来自世界各地。杰克发现有几位受聘于美国学校的教师,一年不到就先后离去。显然,他们无法继续胜任,只得中途辞职。杰克既感到惊讶,又觉得好奇:是什么事情使得美国学校产生这么大的负面效应,致使这些教师改变初衷,早早知难而退,另谋高就?

杰克设法找到辞职的几位教师,和他们分别谈话,探索究竟发生了什么事情。一位刚从加利福尼亚州回来的澳大利亚教师悄悄地告诉他,原因并非学校,并非家长,也并非其他的教师,原因是孩子们自己。

"孩子们?"到这时候,杰克真的关心起来了,"我们的孩子怎么啦?"

"我没有办法教他们,他们缺乏自我尊重!"

自我尊重!这就是这位教师早早回家的原因吗?杰克到处打听。他拦住一位来自新加坡的年轻女士,她也缩短了在美国的教学。

"你们的学生不尊重自己,也不尊重权威。并非所有的学生,但是已经多得令人在教室里难以应付了。"她解释道,"如果他们不看重我的意见——别去说听这些意见了——我们怎么教他们呢?所以我离开了。"

一位中国台湾教师听见他们的谈话后,补充说:"而且他们对同伴同样的不尊重,学生们相互之间非常粗鲁,我不得不终止课堂讨论。他们不知道应该有礼貌地仔细听同学发言。"

"我还看见他们这样对待自己的父母,"另一位教师说道,"而且那比他们对我们还要糟糕得多。他们非常无礼,甚至蛮横。"

"但是所有这些又与缺乏自我尊重有什么关系呢?"杰克问道。

一位澳大利亚教育者对杰克解释说:"你们许多学生好像很伤心,甚

至生气。哦,听起来他们似乎很自信,但是在内心深处,我认为,他们许多人是绣花枕头一包草。他们只不过是以对自己的感觉来对待别人罢了。"

心灵寄语

在对别人的态度中,能看到我们自己是否尊重自己。人类行为有一条重要的法则,那就是:"尊重他人,满足对方的自我成就感,那么对方就会尊重你并满足你的需要。"就像哲学家杜威所说:"人类最迫切的愿望,就是希望自己受到别人的重视。"假如你不承认对方的重要性,又怎能让人由衷尊敬你呢?反过来说,只有懂得自我尊重的人才会尊重别人。

不因贫穷而失去尊严

人应尊敬他自己,并应自视能配得上最高尚的东西。

——黑格尔

一个下着小雨的中午,车厢里的乘客稀稀落落的。在桥头站,上来一对残疾的父子。中年男子是个盲人,而他不到十岁的儿子则只剩下一只眼睛略微能看到东西。父亲在小男孩的牵引下,一步一步地摸索着走到车厢中央。当车子继续缓缓往前开时,小男孩开口了:"各位先生女士,你们好,我的名字叫林平,下面我唱几首歌给大家听。"

接着,小男孩用电子琴自弹自唱起来。电子琴弹得很一般,但孩子的歌声却有天然童音的甜美。

正如人们所预料的那样,唱完了几首歌曲之后,男孩走到车厢头,开始"行乞"。但他手里既没有托着盘,也没直接把手伸到你前面,只是走到你身边,叫一声"先生"或"小姐",然后默默地站在那儿。乘客们都知道他的意思,但每一个人都装出不明白的样子,或干脆扭头看车窗外面……

当小男孩两手空空地走到车厢尾时,旁边的一位中年妇女尖声大嚷起来:"真不知道怎么搞的,北京的乞丐这么多,连车上都有!"

这一下，几乎所有的目光都集中到这对残疾父子的身上。没想到，小男孩竟表现出与年龄极不相称的冷峻，他一字一顿地说："女士，你说错了，我不是乞丐，我是在卖唱。"

车厢里所有淡漠的目光刹那间都生动起来，有人带头鼓起了掌，然后是掌声一片。

心灵寄语

生命不因贫穷而失去尊严，尊重他人的人有着源于自身内心深处的自尊。有时，源自心灵的一种沟通，胜过某些形式上的资助。

人活着要有尊严

一个自重的人恰似身着盔甲，没有东西能将它戳穿。

——朗费罗

维尼的母亲是在他七岁那年去世的，父亲后来续娶了一个犹太人。继母来到他家的那一年，小维尼十一岁了。

刚开始，维尼不喜欢她，大概有两年的时间他没有叫她"妈"，为此，父亲还打过他。可越是这样，维尼的抵触情绪便越强烈。然而，维尼第一次喊她"妈"，却是在他第一次也是唯一一次挨她打的时候。

一天中午，维尼偷摘人家院子里的葡萄时被主人逮住了，主人的外号叫"大胡子"，维尼平时就特别畏惧他，如今在他的跟前犯了错，维尼吓得浑身直哆嗦。

大胡子说："今天我也不打你不骂你，你只给我跪在这里，一直跪到你父母来领人。"

听说要自己跪下，维尼心里确实很不情愿。大胡子见他没反应，便大吼一声："还不给我跪下！"

迫于对方的威慑，维尼战战兢兢地跪了下来。这一幕，恰巧被他的继母给撞见了。她冲上前，一把将维尼提起来，然后，对大胡子大叫道："你太过分了！"

继母平时是一个没有多少言语的性格内向之人，突然如此震怒，让大胡子这样的人也不知所措。维尼也是第一次看到继母性情中另外的一面。

回家后，继母用枝条狠狠地抽打了两下维尼的屁股，边打边说："你偷摘葡萄我不会打你，哪有小孩不淘气的！但是，别人让你跪下，你就真的跪下？你不觉得这样有失人格吗？不顾自己人格的尊严，将来怎么成人？将来怎么成事？"继母说到这里，突然抽泣起来。维尼尽管只有十三岁，但继母的话在他的心中还是引起了震撼。他猛地抱住了继母的臂膀，哭喊道："妈，我以后不这样了。"

继母教会了维尼人生中重要的一课——人活着要有尊严。继母因为懂得这一点，所以从没有勉强小维尼叫她"妈"，当然她同样不允许别人侮辱小维尼。

人活着就要有尊严，活着就该挺起刚正的脊梁，这是做人的根本。小维尼也许还懵懂不知，然而，作为成年人，理应捍卫自己的尊严。

心灵寄语

一个人可以犯错误，但不能丧失尊严。智利作家尼高美德·斯曼说过："尊严是人类灵魂中不可糟蹋的东西。"中国有句古话："男儿膝下有黄金。"尊严好比是一个人挺立着的脊梁，也是人活在世上最根本的支撑。

互相尊重才是处世之道

> 忍辱偷生的人，决不会受人尊重。
>
> ——高乃依

迪克博士是一位诗人。有一天，他和几位贵妇人乘坐游艇，泛舟泰晤士河。他吹着萨克斯，尽量逗那些贵妇人开心。这时，游艇后不太远的地方，有只被军官们占用的船。诗人看到那只军官船向游艇靠近时，就不吹萨克斯了。军官当中有人问他，为什么他要把萨克斯收进口袋里

第四辑 任何时候都不要轻视自己

不吹了。

"我把萨克斯放进口袋里,正如我把它从口袋里拿出来一样,都是为了使自己高兴。"博士回答说。

那位军官怒气冲冲地威胁说,要是他不立刻把他的萨克斯再掏出来吹,那就不客气了,要把他扔进河里。博士怕吓着那些贵妇人,便尽可能地逆来顺受,忍气吞声地拿出他的萨克斯来。只要对方的船还在河上,他就一个劲儿直吹。

傍晚时分了,他看到那个曾经对他粗暴无礼的军官独自一人正在伦敦附近一个偏僻的地方走着,便朝那军官走去,冷冰冰地说:"今天,我是为了使我的同伴和你的同伴避免陷入烦恼,才服从你那傲慢的命令的。现在为了使你真正相信,一个普普通通的人,也会像一个披着军服的人那样有勇气,明天一早,就在此地,希望你能来,我们就干一场吧,但是不要有别人在场,决斗只在我们之间进行。"

博士进一步决定,他们之间的矛盾,只能靠手中的剑来解决。那个军官同意了这些条件。

第二天早晨,这两个决斗者在约好的时间里,在指定的地方碰面了。军官正站在准备决斗的位置上。就在那个时候,博士举枪瞄准了他。

"干什么?"军官说,"你想暗杀我吗?"

"不是的!"博士说,"不过,你得在这儿跳一分钟的舞。否则,你就会是一个死人了。"

接着是一场小小的争执。可是博士似乎是如此的暴怒、如此的坚决,军官只好被迫屈服了。

当他跳完舞的时候,博士说:"昨天,你违反我的意愿,逼着我吹萨克斯;今天,我违反你的意愿,强迫你跳舞。现在,我们两人的事都以游乐的方式了结了。"

心灵寄语

你以什么样的方式对待他人,那么你也将得到同样方式的对待。尊重是双方的,是相互的,你给人一个甜枣,对方必然会回报你以樱桃,互相尊重才是处世之道。

从小培养自尊意识

自尊心是一种美德,是促使一个人不断向上发展的一种原动力。

——毛姆

一对衣着普通的英国夫妇,有一次带着一个年纪约八九岁的小男孩,来到一家著名的正统西餐厅。

他们坐定之后,侍者递上菜单,这对夫妇点了一份价格最低的牛排。侍者脸上露出诧异的神色,迟疑地问道:"一份牛排?可是你们有三位,这样够用吗?"那位爸爸腼腆地笑了笑,说:"我们都吃过了,牛排是给孩子吃的!"

很快地,那一家人所点的牛排套餐,包括餐前的浓汤及生菜沙拉,被送到了小孩的面前,父母慈祥地看着他们的孩子用餐。

这一家人的举动,引起餐厅经理的注意。

他发现,这对父母在教导孩子使用桌上的刀叉时,取用的顺序十分正确,而且对于孩子的用餐礼节亦要求得相当严格。他们反复而有耐心地、一次又一次教他们的孩子,直到孩子做对为止。

餐厅经理看到这种情形,知道这一家人的经济状况应该不是太好,于是,就吩咐侍者送去两杯咖啡。那位爸爸连忙挥手,正要说他们没有点时,经理走上前去,礼貌地告诉他们,这是餐厅招待的。

随后,经理和这对夫妇聊了起来,终于了解了这一家三人只点一份餐点的真正原因。

那位爸爸说:"不怕你知道,我们的经济状况很差,根本吃不起这种高级餐厅的晚餐,但我们对孩子有信心,知道在贫困环境下长大的小孩,会有不凡的成就,我们希望能及早教会他正确的用餐礼仪。更重要的是,我们也想让孩子在成长过程中,记住自己曾在高级餐厅中,接受过备受尊重的服务的那种感觉,希望他将来做一个永远懂得自重、也能尊重他人的人。"

心灵寄语

文中父母的用心何等良苦！孩子的自尊意识需要从小培养，将来成长的路上他才会不忘自尊自爱，不忘尊重他人及其辛勤的劳动。

在穷困中保持自立精神

人不可有傲气，但不可无傲骨。

——徐悲鸿

一年冬天，美国加州的一个小镇上来了一群逃难的流亡者。长途的奔波使他们一个个满脸风尘、疲惫不堪。善良好客的当地人家家生火做饭，款待这群逃难者。镇长约翰给一批又一批的流亡者送去粥食，这些流亡者显然已好多天没有吃到这么好的食物了，他们接到东西，个个狼吞虎咽，连一句感谢的话也来不及说。

只有一个年轻人例外，当约翰镇长把食物送到他面前时，这个骨瘦如柴、饥肠辘辘的年轻人问："先生，吃您这么多东西，您有什么活儿需要我做吗？"约翰镇长想，给一个流亡者一顿果腹的饭食，每一个善良的人都会这么做，于是他说："不，我没有什么活儿需要你来做。"

这个年轻人听了约翰镇长的话之后显得很失望，他说："先生，那我便不能随便吃您的东西，我不能没有经过劳动，便平白得到这些东西。"约翰镇长想了想又说："我想起来了，我家确实有一些活儿需要你帮忙。不过，等你吃过饭后，我就给你派活儿。"

"不，我现在就做活儿，等做完您的活儿，我再吃这些东西。"那个青年站起来。约翰镇长十分赞赏地望着这个年轻人，但约翰镇长知道这个年轻人已经两天没有吃东西了，又走了这么远的路，可是不给做些活儿，他是不会吃下这些东西的。约翰镇长思忖片刻说："小伙子，你愿意为我捶背吗？"那个年轻人便十分认真地给约翰镇长捶背。捶了几分钟，约翰镇长便站起来说："好了，小伙子，你捶得棒极了。"说完将食物递给年轻人，他这才狼吞虎咽地吃起来。约翰镇长微笑地注视着那个青年说:"小伙子,我的庄园太需要人手了,如果你愿意留下来的话,那我就太高兴了。"

那个年轻人留了下来,并很快成为约翰镇长庄园的一把好手。两年后,约翰镇长把自己的女儿詹妮许配给了他,并且对女儿说:"别看他现在一无所有,可他将来百分之百是个富翁,因为他有尊严!"

果然不出所料,20多年后,那个年轻人真的成为亿万富翁了,他就是赫赫有名的美国石油大王哈默。哈默穷困潦倒之际仍然保持自尊、自立,这赢得了别人的尊敬和欣赏,也给自己带来了好运。

心灵寄语

除非你承认自己的卑微,否则没有人能够贬低你。轻者自轻,自己的价值最需要的是自己的肯定。一个在穷困中仍然能够保持自立精神,不依靠别人的施舍生活的人,最终必将获得人生的成功。

主动尊重他人

卑己而不尊人是不好的,尊己而卑人也是不好的。

——徐特立

公元前592年,晋景公派遣大夫郤克访问齐国和鲁国,他在鲁国访问结束后要去访问齐国。这时鲁国也想与齐国联络,鲁宣公就派季孙行父与他同行。两国大夫中途遇见卫国的使臣孙良夫,于是三人一起来到齐国都城临淄拜见齐顷公。齐顷公一见他们三人,差点笑出声来,只见晋国大夫郤克驼背,鲁国大夫卫国大夫孙良夫瞎了一只眼。他使劲地忍住了笑,办完公事之后,告诉他们第二天上后花园摆宴招待。

第二天,齐顷公特意挑了三个人招待来访的大夫,陪他们上后花园赴宴。陪同独眼龙的也是一只眼,陪同瘸子的也是瘸子,陪同驼背的也是个驼背。当萧太夫人见了独眼龙、瘸子、驼背成双成对地走过来时,不由得哈哈大笑起来,旁边的宫女们也跟着笑。位大夫起初瞧见那些陪同的人都有些生理缺陷,还以为是巧合呢,直到听见楼上的笑声,才明

白是怎么回事。

三国使臣回到馆舍，感觉受到了极大的侮辱，非常生气。当他们打听到讥笑他们的是齐国的国母后，更加怒不可遏。其他人两国大夫对郤克说："我们诚心诚意来访，他们却如此戏弄我们，真是岂有此理！"郤克说："他们如此欺负人，此仇不报，就算不得大丈夫！"其余两位大夫齐声说："只要贵国领兵攻打齐国，我们一定请国君发兵，大伙都听你指挥。"三人对天起誓，一定要报今日戏弄之仇。

两年以后，三国兵车绵延三十多里，大举伐齐，齐军被打得落花流水，齐顷公被围，仓皇逃跑之中和将军逢丑父迅速更换了服装，扮作臣下外出舀水，才保住性命。齐顷公最后只好拿着厚礼求和。

三国的使臣是肩负着国与国之间和平相处、互通友好的使命而来，而齐顷公竟然拿使臣的生理缺陷开玩笑，丝毫没有尊重对方的人格尊严，结果引来了仇恨与战争，这个教训是十分深刻的。

心灵寄语

尊重他人就是尊重自己，是使自己成功涉入社会的起点和基础。如果在交往中不能主动尊重他人，那么自己也就得不到他人的尊重。只有尊重别人，善于倾听对方的意见和想法，你才可能走进对方的心灵，才可能进行愉快的沟通。

第五辑　脚踏实地去奋斗

"流泪撒种的，必欢呼收割。"
"那流着泪出去的，必要欢欢乐乐地带禾捆回来。"
勤奋努力与成功是相辅相成的，常常有很多人由于勤奋而成功，但却很少有因懒惰而成功的。上帝和人们从来都是奖赏勤奋的人的。

成功是没有捷径可走的

没有一次争取是一劳永逸地完成的。争取是一种每天重复不断的行动,人们必须一天又一天地坚持,不然就会消灭。

——罗曼·罗兰

从前,有个小男孩非常聪明,但在长久夸奖声中的他,渐渐开始偷懒,想靠投机来获得成功。

这天,小男孩有幸和上帝进行了对话。

小男孩问上帝:"一万年对你来说有多长?"

上帝回答说:"像一分钟。"

小男孩又问上帝:"一百万元对你来说有多少?"

上帝回答说:"相当于一元。"

小男孩对上帝说:"你能给我一元钱吗?"

上帝回答说:"当然可以。请你稍候一分钟。"

聪明反被聪明误,能拥有聪颖的天资固然可喜,但却不能成为不努力的理由。因为没有任何一种成功是不依靠努力可以获得的。

有一个老人用铁锹在挖树坑,他想种一棵无花果树。正好皇帝从他身旁经过,于是皇帝问道:"你认为自己还能吃到无花果吗?"

老人回答说:"如果当树结果的时候我已经不在人世了,至少我的孩子还能吃到那些美丽的果实;如果我有什么错的话,上帝会因为我勤奋而特赦我的。"

皇帝对他说:"如果你能够得到上帝的特赦而吃到这树的果实,那么请你给我送一些,因为我也很喜欢吃无花果。"

三年过去了,树上结满了果实。老人装了满满一篮子无花果来见皇帝。皇帝把无花果倒了出来,然后在他的篮子里装满了黄金。

皇帝的仆人看到这一切眼红了,他问道:"您想给一个老人那么多荣誉吗?"

皇帝回答说:"造物主给勤劳的他以荣誉,难道我就不能做同样的事吗?"

皇帝的仆人回家后就对他的妻子说:"皇帝爱吃无花果,给他点无花果,他就会给你金子。"

听了丈夫的话,妻子高兴极了。第二天,她买了一篮无花果去见皇帝,要求换取金子。

皇帝大怒,把一篮子无花果全摔在她脸上,然后吼道:"我只给勤奋的人以奖励,像你这样投机取巧的人只能得到惩罚。"于是派卫兵打了她几十大板。

心灵寄语

假若可以把捷径定义为一蹴而就的话,成功是没有捷径可以走的;假若把捷径理解为达到成功最短的距离的话,那么捷径就是我们脚踏实地的奋斗和扎扎实实的努力!

少壮不努力,老大徒伤悲

青春时种下什么,老年时就收获什么。

——易卜生

从前,有个流浪的艺人,虽然才四十几岁,但是骨瘦如柴,形容枯槁,医生诊断结果是肝癌晚期,临终前,他把年仅16岁的独子找来,叮嘱着:"你要好好读书,不要像我,年轻时好勇斗狠,日夜颠倒,烟酒都来,正值壮年就得了绝症。你要谨记在心,不要再走我的老路。我没读什么书,没什么大道理可以教你,但你要记住把'少壮不努力,老大徒伤悲'这句话传下去。"

说完,他咽下了最后一口气,16岁的儿子却懵懵懂懂地站立一旁。

儿子长大后,仍然在酒家、赌场闹事,有一次与客人起冲突,因出手过重而闹出人命,被捕坐牢。出狱后,人事全非,他觉得不能再走老路了,但是却无一技之长,无法找个正当的工作,只好下定决心,回到乡下,靠做一些杂工维生。

由于他年轻时无法体会父亲留下的遗言，耽误了终身大事，所以年近半百才成婚。随着年龄的增长，他逐渐能体会父亲临终前交代的话，但似乎为时已晚。他的体力一天不如一天，一年不如一年，面对着无法支撑起来的家，心里有着无限的忏悔与悲伤。

有个夜晚，他喝了点酒，带着酒意，把16岁的儿子叫到跟前。他先是一愕，这不就是当年16岁的自己吗？父亲临终前交代遗言的景象在脑海中显现，他有些自责地喃喃自语："我怎么没把那句话听进去啊。"

说着，眼泪直流，儿子站在面前，懂事地安慰着："爸爸，您喝醉了，早点休息吧！"

"我没有醉，我要把你爷爷交代我的话告诉你，你要牢牢记住。"

"爸爸！什么话这么重要呀！"

"当年你爷爷临终时交代我不可以'少壮不努力，老大徒伤悲'，我没听进去，也没听懂。结果我费尽一生才体会出这一句话的道理，但为时已晚。"

"这句话不是人人都知道吗？"

"是啊。但是，并不是每个人都愿意从年轻时就努力奋发向上。一定要年轻时就学好，不然老了就像我一样一无是处。你一定要认真对待这句话。希望你好好做人，将来儿孙都能成才，不必再把这句话当遗言交代了。"

心灵寄语

"少壮不努力，老大徒伤悲。"年轻有许多资本，比如时间、青春、健康、精力等，这些资本如果你不珍惜，并加以利用，等到芳华逝去时就悔之晚矣了，到那时再想去努力恐怕所付出的代价将远远超过你能想象和接受的程度。

抓住一个目标，锲而不舍

追两只兔子——将会一无所获。

——陀思妥耶夫斯基

铁匠打了两把宝剑。

刚刚出炉时它们一模一样，又笨又钝。

铁匠想把它们磨快一些。

其中一把宝剑想，这些钢铁都来之不易，还是不磨为妙。

它把这一想法告诉了铁匠。

铁匠答应了它。

铁匠去磨另一把剑，另一把没有拒绝。

经过长时间的磨砺，一把寒光闪闪的宝剑磨成了。

铁匠把那两把剑挂在店铺里。

不一会儿就有顾客上门，一眼就看上了磨好的那一把，因为它锋利、轻巧、合用。

而钝的那一把，虽然钢铁多一些、重量大一些，但是无法把它当宝剑用，它充其量是一块剑形的铁而已。

同样出自一个铁匠之手，同样的功夫打造，两把宝剑的命运却有这样的天壤之别！锋利的那把又薄又轻，而另一把则又厚又重，前者是削铁如泥的利器，后者则只是一个摆设、一个包袱。

心灵寄语

人生的道理也与此类似。人生的目的不是面面俱到，不是多多益善，抓住一个目标，付出辛勤的劳动锲而不舍地去追求、去完成，才能把自己的人生之剑打磨得又轻巧、又锋利。

凭自己的努力创造命运

天才就是有无止境刻苦勤奋的能力。

——卡莱尔

王羲之是中国历史上著名的书圣，可他少年时并不是一个才智出众的孩子。但他自七岁跟着老师学习书法起，便能坚持勤学苦练。他每天笔耕不辍，即便在休息的时候，也在揣摩字体的结构和气势，经常手随心想，

在衣襟上勾勾画画,时间一久,把衣襟都弄破了。王羲之喜欢在家中的一个水池边习字,这样可以就地从池里取水研墨、洗笔和洗砚。长期下来,竟使一池清水为之变黑。如今王羲之故宅仍有"墨池"遗迹,而"临池"也成为习字的一个代称。最终,王羲之集众家所长,改变了晋代以前平板匀整的篆、隶书法,创造了飘逸潇洒的行书、骨力刚健的楷书和神采飞扬的草书这三种具有个人风格的字体,可以说是勤奋造就了一代书圣。

受到父亲的影响,王羲之的儿子王献之同样从小爱好书法艺术,王羲之就以自己勤学苦练终成大器的亲身体会教导儿子。当王献之开始临摹父亲的书法时,便问父亲有什么秘诀可以速成。而王羲之只是指着院子里的十八只水缸对他说:"秘诀是有。速成却不可为,你看,秘诀就在这些水缸里,当你把这十八缸水写完时,自然就知道秘诀在哪里了。"王献之遵循父训天天从缸里取水磨墨习字,几年下来,这十八缸水果真被他用完了。功夫不负有心人,王献之的书法也有了很大的提高,并最终创造出结构微妙、字体秀丽的"今草",也成为一代大家,被人称为"小圣",与其父齐名,并称"二王"。

心灵寄语

世上无难事,只怕有心人。诗人海涅说过:"命运并非机遇,而是一种选择;我们不应只期待命运的安排,必须凭自己的努力创造命运。"

成功需要努力

天才就是百分之九十九的汗水加百分之一的灵感。

——爱迪生

全世界最伟大的篮球运动员迈克尔·乔丹在率领公牛队获得两次三连冠后,毅然决定退出篮坛,因为他已经得到世界上篮球运动史上最多的个人光荣纪录与团队纪录,他是20世纪最伟大的体坛运动员。

在退役后,他说:"我成功了!因为我比任何人都努力。"

乔丹不只比任何人都努力，在他处于巅峰时，他还要求自己更努力，要不断突破自己的极限与纪录。

在公牛队练球的时候，他的练习时间比任何人都长，据说他除了睡觉时间之外，一天只休息两个小时，剩下的时间全部用来练球。

在美国，有一个卖汽车的业务员总是在他们公司销售成绩排名第一，有人问他："你为什么总是第一名？"他回答说："因为我每个月都设法比第二名多卖一台车子。"这么简单的一个方法，这样简单的一个回答告诉了我们一个简单的成功道理——永远比第二名还要努力。

是的，"努力"这两个字听起来好像令你很不愿意去做，但是却不能回避这两个字，因为成功的确需要努力。

心灵寄语

成功取决于你是否努力拼搏，是否勤劳自勉，是否不断超越自我。一个人要把握住自己内在的动力，超越自我，才能不断地鞭策自己前进，而不因一时的懈怠或暂时的成功而失去继续努力的动力。

学习永没有尽头

人不能像走兽那样活着，应该追求知识和美德。

——钱伟长

在哈佛一座教学楼前的阶梯上，有一群即将毕业的机械系大四学生很快就要参加最后一门考试了，他们聚集在一起，正在讨论将要开始的考试。他们很有自信，这是最后一场考试，接着就是毕业典礼和找工作了。

有几个说他们已经找到工作了，其他的人则在讨论他们想得到的工作。怀着对四年大学教育的肯定，他们觉得心理上早有充分的准备，能征服外面的世界。

他们知道即将进行的考试只是轻而易举的事情。教授说他们可以带需要的教科书、参考书和笔记，只要求他们考试时不能交头接耳。

他们喜气洋洋地走进教室。教授把考卷发下去,学生们喜形于色,因为学生们注意到只有五个论述题。

三个小时过去了,教授开始收考卷。学生们似乎不再有信心,他们脸上有难以描述的表情,没有一个人说话。教授手里拿着考卷,面对着全班同学。教授端详着面前学生们忧郁的脸,问道:"有几个人把五个问题全答完了?"

没有人举手。

"有几个答完了四个?"

仍旧没有任何动静。

"三个?两个?"

学生们变得有些坐立不安起来。

"那么一个呢?一定有人做完了一个吧?"

全班学生仍保持着沉默。

教授放下手中的考卷说:"这正是我所预料的结果。我只是要加深你们的印象,即使你们已完成四年学业,但仍旧有许多有关工程的问题你们全然不知。这些你们不能回答的问题,在日常操作中是非常普遍的。"

心灵寄语

真实的生活正在向我们展示它的精深与博大,学习永远没有尽头。与其说某些人之所以超越他人,是由于天资过人,倒不如说是由于他能够专心致志并且毫不厌倦地学习。

保持勤奋好学的心态

聪明在于学习,天才在于积累。

——李金梦

贾逵是东汉时期著名的学者。他幼时丧父,母亲又体弱多病,时常需要人照料,生活因此非常艰辛。贾逵的姐姐一个人挑起了家庭的重担,她精心照料母亲,关爱弟弟,家中虽然清贫,但时常充满着欢声笑语。

贾逵从小就十分聪明、勤奋，他爱刨根问底，爱思考，不达目的不罢休。

那时候，在贾逵家的附近有一个学堂，学堂里传出的琅琅读书声深深吸引着贾逵，他看见其他孩子都去上学，非常羡慕，便央求母亲也让他去学堂读书。躺在病床上的母亲心里十分难过，对贾逵说："孩子啊，咱们家太穷了，没有钱给你交学费，家里的钱都为我治病了，实在是没有办法啊！"说完，母亲便伤心地流下了眼泪。

贾逵的姐姐看到这个情景，便走过来，安慰了母亲一番，然后拉着贾逵走了出来，对他说："弟弟，母亲身体不好，别让她再操心了，我带你去学堂看一看吧。"

姐姐领着贾逵来到学堂外，学堂里又传来了琅琅的读书声。贾逵一听到读书声，便忘却了刚才的烦恼，忙跑了过去。

可是，贾逵只能隔着学堂外面的篱笆往里张望，他踮起脚，伸长脖子，可还是无法看到学堂里的情景。

姐姐见状，赶忙跑过来，抱起了贾逵。这下，他看见了老师在讲课，学生们正摇头晃脑地跟着老师读书。贾逵高兴极了，他也跟着读起来。老师让学生写字，贾逵便用小手在空中比画着学写字。

此后，贾逵天天到学堂外听老师讲课。他个子太小，看不见学堂里的情景，便搬来一块大石头，放在篱笆边上，他就站在大石头上，透过学堂的窗户听课。

有时候，天下大雨或下雪，姐姐便劝贾逵不要出门。可贾逵有很强烈的求知欲，一天都不肯中断学习。大雪纷飞时，他披着蓑衣站在篱笆外听课。

几年来，贾逵风雨无阻，从来没有中断过。他一回到家中，便把听来的内容都记录下来。一有时间，就拿着木棍在地上练习写字。贾逵就在如此艰苦的条件下，勤奋刻苦地学习着。

后来，贾逵终于成为当时著名的大学者，他的学说被世人称为"贾学"。

心灵寄语

贾逵的勤奋好学，不仅使他功成名就，而且也令无数后人为之动容。贾逵那种执着勤奋的精神值得我们学习。

熟能生巧

十日画一水，五日画一石。

——杜甫

欧阳修是北宋诗文革新运动的领袖人物、"唐宋八大家"之一，他记录了这样一个故事。

陈康肃善于射箭，像他这么高水平的人，当代没有第二个。他也因此感到骄傲自满。

一天，他在自家的花园里射箭，有个卖油的老汉放下肩上的担子，站在一旁，歪着头，很有兴趣地观看。他看陈康肃射的箭，十支中有八九支射中了靶子，便微微地点着头。

陈康肃问他："你也懂得射箭吗？我射箭的技术是不是很高明？"

老汉说："也没有什么别的技术，只不过是手熟罢了！"

陈康肃一听很气愤，大声呵斥道："你怎么敢贬低我的本领？"

老汉说："我是从我倒油的技巧中知道这个道理的。"说罢，他拿出一个葫芦放在地上，又摸出一枚有孔的铜钱放在葫芦嘴上，然后慢慢地用勺子舀出油来往葫芦里倒，只见油像一条细线一样从铜钱孔中流入葫芦里，而那枚铜钱却没有沾上一点儿油。

倒完，老汉直起身子说："我这点技术，也没有什么了不起的，不过是手熟罢了。"

陈康肃看后，对老汉笑了。

心灵寄语

熟能生巧，高超的技能正是通过反复的练习获得的，生活中也是这样，想要出人头地，就要依靠这种勤奋刻苦的劲头，不厌其烦地磨炼自己的生存技能，才会获得超常的成就。

第六辑　做事有始有终

明确自己的责任

如果你做某事,那就把它做好。如果你不会或不愿做它,那最好不要去做。

——列夫·托尔斯泰

很多年前,有一个国王,他统治时期国家一点都不太平,强大的邻国频繁地侵略他的国家。入侵者大都勇猛善战,几乎每战必胜。他的国家快要灭亡了。

国王带着自己的军队抵抗着敌人的入侵。但经过多次奋战之后,国王的军队还是溃散了。每个人都尽力各保其命,国王也是如此。他将自己伪装成一名牧羊人,独自逃进了一片森林。

经过了几天的流浪,他感到饥饿和疲惫。终于,他看到了一间伐木人的小屋。他敲了敲小屋的门,开门的是伐木人的太太。国王向他乞求一些食物,并请求暂住一宿。国王的外表太寒酸了,她完全不知道他真正的身份。她说:"如果你能帮我看着这些放在炉子上的蛋糕,我就给你吃一顿晚饭,我想出去挤牛奶。小心看着蛋糕,在我出去的时候,不要让蛋糕烤焦了。"

国王靠着火炉坐下来,他全神贯注地看着蛋糕。但没过多久,他的脑袋里就满是他自己的烦恼:怎样重整自己的军队?之后,又如何抵御敌人的攻击?他想得越多,他就越觉得希望渺茫,甚至他开始相信再继续奋战下去也是没有用的。国王忘了他照看蛋糕的事。

过了一会儿,那个太太回来了。她发现她的小屋里满是烟,蛋糕变成了烧焦的脆片,而国王坐在炉灶边,出神地瞪着火焰,根本就没有注意到蛋糕已经烤焦了。

那个太太生气地喊道:"你这个懒惰没有用的家伙,看看你做的好事,你让我们都没有晚餐吃啦!"国王从自己的思考中回过神来,只是惭愧地垂着头。

刚好伐木人回来了,他立刻就认出那个坐在炉灶边的陌生人。

他对太太说:"你知道你骂的人是谁吗?这是我们高贵的国王。"

他太太吓坏了,她跑到国王的身边跪下,乞求他原谅她刚刚那么无礼。

但是睿智的国王请她起身,说:"你骂得没错,我说我会看好蛋糕,而我却把蛋糕烤焦了。我被你骂是应该的,任何人要是接受了某一责任,不管责任大小,都应该切实地完成应尽的本分。这次我搞砸了,但是绝不会再有下次了,我要去完成我当国王的责任。"

那之后没几天,国王就再度重整他的军队,并且很快就将敌人打败了。

下面是同样一则发人深省的故事:

承担责任不分大小,一个人的责任心却有大小。小事都做不好的人,怎能让人敢把重任交给他呢?

雪夜,一位巡逻的武警战士看见一个小男孩独自站立在街角,他的头上和身上都落满了雪花。武警战士走到小男孩的面前问他:"小朋友,这么晚了,你为什么还不回家呢?"

小男孩告诉武警叔叔,傍晚的时候,他和伙伴们一起玩"打仗"的游戏,他的任务是在这里站岗放哨。他已经向伙伴们保证:没有命令,绝不离岗。

已经很晚了,又下雪,武警战士知道其他的孩子们肯定是把跟前的小男孩给忘了,各自回家去了。于是,他向小男孩报上自己的军衔并认真地行了一个军礼,然后对他说:"你已经出色地完成了任务,现在,我命令你立即回家。"

小男孩也回了一个不太规范的军礼,说道:"是。"然后便蹦蹦跳跳地回家了。

心灵寄语

这个世界的每一份责任在每个人的眼里都有着不同的地位和价值,可能价值连城,也可能一文不值,这是因为每个人对责任都有着理解。

责任感能激发人的潜能

人一旦受到责任感的驱使,就能创造出奇迹来。

——门肯

在火车上，一位孕妇临盆，列车员广播通知，紧急寻找妇产科医生。这时，一位妇女站出来，说她是妇产科的。女列车长赶紧将她带进用床单隔开的病房。毛巾、热水、剪刀、钳子什么都到位了，只等最关键时刻的到来。产妇由于难产而非常痛苦地尖叫着。那位妇产科的女子非常着急，将列车长拉到产房外，说明产妇的紧急情况，并告诉列车长她其实只是妇产科的护士，并且由于一次医疗事故已被医院开除。今天这个产妇情况不好，人命关天，她自知没有能力处理，建议立即送往医院抢救。

列车行驶在京广线上，距最近的一站还要行驶一个多小时。列车长郑重地对她说："你虽然只是护士，但在这趟列车上，你就是医生，你就是专家，我们相信你。"

列车长的话激励了护士，她准备了一下走进产房时又问："如果万不得已，是保小孩还是大人？""我们相信你。"

护士明白了，然后坚定地走进产房。列车长轻轻地安慰产妇，说现在正由一名专家在给她做手术，请产妇安静下来好好配合。

出乎意料，那名护士几乎单独完成了她有生以来最为成功的手术，婴儿的啼哭声宣告了母子平安。

那对母子是幸福的，因为遇到了热心人；那位护士更是幸福的，她不仅挽救了两个生命，而且找回了自己的信心与尊严。因为责任，因为信任，她由一个不合格的护士成为一名最优秀的医生。

每个人都有责任感，每个人都会为使命而努力。责任能激发人的潜能，也能唤醒人的良知。给人责任，也就是给人信任和真诚。有责任，也就会成就尊严和使命。

有一次，一个劫犯在抢劫银行时被警察包围，无路可退。情急之下，劫犯顺手从人群中拉过一个人当人质。他用枪顶着人质的头部，威胁警察不要走近，并且喝令人质要听从他的命令。警察四散包围，劫犯挟持着人质向外突围。突然，人质大声呻吟起来。劫犯忙喝令人质住口，但人质的呻吟声越来越大，最后竟然成了痛苦的呐喊。劫犯慌乱之中才注意到人质原来是一个孕妇，她痛苦的声音和表情证明她在极度惊吓之下马上要生产。鲜血已经染红了孕妇的衣服，情况十分危急。

一边是漫长无期的牢狱之灾，一边是一个即将出生的生命。劫犯犹豫了，选择一个便意味着放弃另一个，而每个选择都是无比艰难的。四周的人群，包括警察在内都注视着劫犯的一举一动，因为劫犯目前的选择是一场良心、道德与金钱、罪恶的较量。

终于，他将枪扔在了地上，随即举起了双手。警察一拥而上，围观的人群中竟然响起了掌声。

孕妇不能自持，众人要送她去医院。这时，已戴上手铐的劫犯忽然说："请等一等好吗？我是医生！"警察迟疑了一下，劫犯继续说："孕妇已无法坚持到医院，随时会有生命危险，请相信我！"警察终于打开了劫犯的手铐。

一声洪亮的啼哭声惊动了所有人，人们高呼万岁，相互拥抱。劫犯双手沾满鲜血——是一个崭新生命的鲜血，而不是罪恶的鲜血。他的脸上挂着职业的满足和微笑。人们纷纷向他致意，忘了他是一个劫犯。

警察将手铐戴在他手上时，他说："谢谢你们让我尽了一个医生的职责。这个小生命是我从医以来第一个从我枪口下出生的婴儿，他的勇敢征服了我。我现在希望自己不是劫犯，而是一名救死扶伤的医生。"

心灵寄语

也许我们一辈子也无法做出什么惊天动地的大事，也不会成为永载史册的伟人，但我们却能够尽自己所能忠于自己的职责。生活中，如果我们也肯舍身完成自己的使命，那还有什么比这更可贵的呢？如果没有尽职尽责的责任心，谁会愿意冒很大的风险呢？

点燃热忱，发挥自己的特长

责任感常常会纠正人的狭隘性。当我们徘徊于迷途的时候，它会成为可靠的向导。

——普列姆昌德

有三个工人，他们都在忙着盖房子。第一个工人干着干着就不耐烦了，"反正又不是我自己住，费那么多劲干什么"，于是他加快速度，草草完工，房子看起来摇摇欲坠。第二个工人干了一会儿也感到枯燥了，

"我既然收了别人的钱,就有责任把房子盖好",于是,他继续认真地干活,一丝不苟地完成了工作,房子看起来非常结实。第三个工人干着干着变得快乐起来,"盖房子真是一件美妙的事情,如果在房前种一些花草,房后再弄一个园圃,一家人住进来,嗯,一切太美好了"。于是,他忍不住吹起了欢快的口哨,以更大的热情来干活,并加入了不少创意,房子看起来美观大方。

三年之后,第一个工人失业了,没人敢聘用他。第二个工人仍然认认真真地干着老本行,一切没有变化。而第三个工人却成了远近闻名的建筑大师。他设计的房子风格独特、美轮美奂,人们以居住他建筑的房子为荣。

如果能以生生不息的精神、火焰般的热忱,充分发挥自己的特长,那么不论所做的工作怎样,都不会觉得劳苦。具有这种高度的事业心的人,即使从事最平凡的工作,也能成为技术高超的工人;如果以冷淡的态度去做最高尚的工作,也不过是个平庸的工匠。

下面是一则发人深省的故事:

一天,主人把货物装在两辆马车上,让两匹马各拉一辆车。路上,一匹马渐渐落在后面,并且走走停停。主人便把后面一辆车上的货物全放到前面的车上去。当后面那匹马看到自己车上的东西都搬完了时,便开始轻快地前进,并且对前面那匹马说:"你辛苦吧,流汗吧,你越是努力干,主人越要折磨你。"

到达目的地后,有人对主人说:"你既然只用一匹马拉车,那么你养两匹马干嘛?不如好好地喂一匹,把另一匹宰掉,总还能拿到一张皮吧!"于是主人便真的这样做了。

身在竞争激烈的社会中的你,是那匹快马还是慢马?你是想要苦苦拼搏中的快乐,还是想要淘汰中的反省?你在这个世界中将找到什么样的工作?你的工作将是什么?从根本上说,这不是一个关于干什么事和得到多少报酬的问题,而是一个关于责任的问题。

心灵寄语

做什么工作,干何种事业,最不可或缺的就是热情。充满激情地去做事与推一下走一步地做事的结果是大相径庭的。

谁都不能逃避责任

凡是公民,谁都不能逃避责任。

——马克·吐温

辛辛纳图斯曾经很富有,并当过当地的最高长官。由于某种原因,他失去了所有的财富,但他仍然是一个受人尊敬的人。周围的人都非常信任他,有麻烦时总是向他请教。

后来,由于罗马城被困,罗马的军队在作战时陷入重围,一时之间将士们非常恐慌。于是,他们只有请辛辛纳图斯帮忙,任命他为罗马的统帅,请他率领仅有的老弱残部抗敌。

辛辛纳图斯临危受命,他置个人安危于不顾,亲自领军迎敌,结果大败敌军。

这时,他是可以当国王的。但他在人民还未来得及感谢他时,已经把权印交回,解甲归田去了。他只当了16天的罗马统帅。

这个故事告诉我们,一个忠诚的公民,捍卫国家是自己的责任,是不能期望得到回报的。正如华盛顿在将军们要求他当总统时说:"这让我感到痛苦和耻辱,因为这样会损害国家的利益。如果你们仍顾及国家,关心自己和自己的后代,或对我还有一点儿尊敬的话,就请别再说同样的话。"

心灵寄语

责任是流淌在一个人灵魂中的使命,而作为一个国家的公民,能够为国家出力,效忠国家及人民,是无上光荣的使命与责任。一个人因担负责任而成熟,一个公民因担负起国家赋予的责任而变得无私和崇高。

从责任心看内在品质

> 责任并不是一种由外部强加在人身上的义务,而是我需要对我所关心的事件做出反应。
>
> ——弗洛姆

兰多姆出版社的编辑萨克斯·康明斯是一位备受好评与尊敬的编辑,因为他是位相当专业、具有高尚职业道德的编辑。曾经有人这样赞美他:"他用蓝铅笔一挥,光秃秃的岩石也能冒出香槟酒来。"

30岁萨克斯的,就已对编辑业务运用自如了。他具有真正的文体感和渊博的文学知识,而且掌握许多具体的出版工艺:从设计、出书,直到适当的发行工作。作为一个编辑能做到这些,一般来说,也算是难能可贵了。

哥伦比亚大学的莫里斯·瓦伦西教授把他的书稿《第三重天》送到萨克斯供职的兰多姆出版社。萨克斯审阅了这部著作,他认为:"对我来说,这是一部明达而深入的研究著作,在内容、风格和学术方面都很丰富,完全应该出版。"他肯定地说:"我可以很有把握地说,如果我们不出版这部书,别的出版家也会出版这本书。但是我们是第一个读到这本书的出版社。"尽管萨克斯对《第三重天》抱有如此充分的自信和热情,《第三重天》还是被他的同事所否定。按一般常规,责任编辑的推荐、力争无效,书稿退回作者就行,起码也就无愧于心了。然而作为编辑的萨克斯并没有就此撒手,他不忍心让一部确有价值的书稿就此泯没。在给莫里斯的信中,他仍然鼓励莫里斯:"我个人认为,你的著作是会使牛津大学出版社的书目为之生色不少的,我大力请求把稿子寄给他们。实际上,我很愿意向那个出版社推荐你的书稿。"为了使《第三重天》能够顺利出版,他甚至对书名进行了仔细斟酌,"在书名方面能允许我提个建议吗?《爱的颂歌》怎么样?请考虑这个替换的书名。"在萨克斯逝世后,这部由他改为《爱的颂歌》的书稿,终于经过周折坎坷而由麦克米伦公司出版了。

畅销书作家巴德·舒尔伯格写完《在滨水区》的初稿,正要润色付印时,该小说的电影拍摄权已卖出去了。这时,就有个小说、电影一决先后的问题,急如星火,分秒必争。按我们的一句俗话来说,"萝卜快了不洗泥",萨克斯完全可以尽快推出小说:印小说毕竟要快于拍电影吧!然而,他不,他认为"清样送来了,还得仔细校阅,特别要核实滨水区流行的那些行话是否真有那么回事"。于是,他越俎代庖,把给巴德提供过滨水区真实情况的码头工人布朗请来。并给夫人打电话说,"办公室里太乱,人们又太好奇,根本没法工作。在家里干,有码头工人在身旁,校对工作的进展会快得多,清样马上就能送出去。"于是,一应食宿,均在其家。在这里,作者、编辑、作品素材提供者,融为一体。这体现了作为一个极端负责任的编辑的责任感和使命感。

一个尽职尽责的编辑就是如萨克斯一样,心里只有三样——读者、作者和作品,对三者没有丝毫怠慢,这是他最可贵的职业道德和思想素质。

心灵寄语

对有的人来讲,责任重于泰山;对有的人来说,责任轻如鸿毛。从个人的责任心,完全可以看出这个人的内在品性。

将尽职尽责进行到底

在这个世界上,最渺小的人与最伟大的人同样有一种责任。

——罗曼·罗兰

一位名医,在当地享有盛誉。有一天,一位青年妇女来找他看病。名医检查后发现,她的子宫里有一个瘤,需要手术切除。

手术很快就安排好了。手术室里都是最先进的医疗器材,对这位有过上千次手术经验的名医来说,这只是个小手术。

他切开病人的腹部,向子宫深处观察,准备下刀。但是,他突然全身一震,刀子停在空中,豆大的汗珠冒上额头。他看到了一件令他难以置信的事：子宫里长的不是肿瘤，是个胎儿！

他的手颤抖了，内心陷入矛盾的挣扎中。如果硬把胎儿拿掉，然后告诉病人，摘除的是肿瘤，病人一定会感激得恩同再造；相反，如果他承认自己看走眼了，那么，他将会声名扫地。

经过几秒钟的犹豫，他终于下了决心，小心缝合刀口之后，回到办公室，静待病人苏醒。然后，他走到病人床前，对病人和病人的家属说："对不起！我看错了，你只是怀孕，没有长瘤。所幸及时发现，孩子安好，一定能生下个可爱的小宝宝！"

病人和家属全呆住了。隔了几秒钟，病人的丈夫突然冲过去，抓住他的衣领，吼道："你这个庸医，我要找你算账！"

孩子果然安好，而且发育正常，但医生却被告得差点破产。

有朋友笑他：为什么不将错就错？就算说那是个畸形的死胎，又有谁能知道？

"老天知道！"名医只是淡淡一笑。

心灵寄语

要成功，就不要给自己寻找借口。失败也罢，做错了也罢，再完美的借口对事情的改变也毫无作用！一位哲人曾说过："当我们竭尽全力、尽职尽责时，不管结果如何，我们都赢了。因为这个过程带给我们的满足，使我们都成为赢家。"找借口的唯一好处就是安慰自己："我做不到是可以原谅的。"尽职尽责能给你带来一种特殊的成功，一种自我超越的成功。尽职尽责是成功的源泉。

为他人负责

我们的责任比我们想象的更为重大得多，因为它是和全人类都有关系的。

——萨特

有两件事，可以作为我们生活中的镜子，其中一件是老外干的，另

一件也是老外干的。

第一件事：武汉市鄱阳街有一座建于1917年的6层楼房，该楼的设计者是英国的一家建筑设计事务所。20世纪末，即那座叫作"景明大楼"的楼宇在漫漫岁月中度过了80个春秋后的某一天，它的设计者远隔万里，给这一大楼的业主寄来一份函件。函件告知：景明大楼为本事务所在1917年所设计，设计年限为80年，现已超期服役，敬请业主注意。

真是闻所未闻！80年前盖的楼房，不要说设计者，就连当年施工的工人，也许已没几个在世了，然而，至今竟然还有人为它的安危操心！操这份心的，竟然是它最初的设计者，一个异国的建筑设计事务所！是什么使一个人、一群人、一个更换了几代人的机构，虽经近一个世纪的变迁，仍然守着一份责任、一个承诺？面对咱们自己的豆腐渣工程，我们应该惭愧才是。

第二件事：在东北地区滨州铁路穿越小兴安岭那条最长的隧道的山顶，有一座方方的石碑，那里长眠着一位异国的工程师。这位工程师曾负责这条隧道的设计。当工程进度由于意外没有按照预定时间打通时，这位工程师开枪自杀了，她以自杀来弥补自己的失职。

心灵寄语

人生好比一次旅程，从拥有生命的那一刻起，我们就载上了一种叫生存的使命与责任，不仅仅为我们的生存负责，更不可忘记为其他人的生命负责。负责的灵魂闪耀着异常夺目的光辉。

第七辑　具备一往无前的勇气

不丧失勇气

胜者靠的是勇气而不是力量。

——高尔基

波斯王薛西斯一世率领强大的军队从东边向希腊进军,他们沿着海岸行进,几天之后就会到达希腊,希腊由此而陷入危险。希腊人下定决心抵抗入侵者,保卫他们的家园。

波斯军队只有一个途径可以从东边进入希腊,那就是经由一个山和海之间的狭窄通道——瑟摩皮雷隘口。

守卫这个隘口的是斯巴达人——里欧尼达斯,他只有几千名士兵。波斯的军队比他们强大许多,但是他们充满信心。经过两天的攻击后,里欧尼达斯仍然守住隘口。但是那天晚上,一个希腊人出卖了一个秘密:隘口不是唯一的通路,有一条长而弯曲的猎人打猎时走的小路可以通到山脊上。

叛徒的计划得逞了。守卫那条秘密小径的人受到袭击,并且被击败了。几个士兵及时逃出去报告里欧尼达斯。

面对如此严峻的形势,里欧尼达斯以大无畏的勇气制订了作战计划:他命令大部分的军队偷偷从山里回到需要他们保护的城市,只留下他的三百名斯巴达皇家卫兵保卫隘口。波斯人攻来了,斯巴达人坚守隘口。但是他们一个接一个倒下去了,当他们的矛断裂时,他们肩并肩站着,以他们的剑、匕首或拳头和敌人作战。

一整天,所有的斯巴达人都战死了,在他们原来站立的地方只有一堆尸体,而尸体上竖立着矛和剑。

薛西斯一世攻下了隘口,但是耽搁了数天,这数天让他付出了极为惨重的代价。希腊海军得以聚集起来,而且不久之后,他们便将薛西斯一世赶回了亚洲。

许多年后,希腊人在瑟摩皮雷隘口竖起了一座纪念碑,碑上刻着这些斯巴达人勇敢保卫他们家园的纪念文:

"旅行者，先不要赶路，驻足追念斯巴达人，在此，如何奋战到最后。"

斯巴达人勇敢保卫家园已经成为传世的一段佳话，自那以后，斯巴达人便成了勇敢的代名词。

心灵寄语

勇气是一种滋补剂，是世界上最好的精神药物。如果能让自己尽早展现出勇气，并带着勇气上路的话，那么任何事情都不能阻挡我们前进。在前进的道路上，可能会遇到让我们灰心失望的失败，但只要不丧失勇气，失败便只是暂时的，胜利最终会握在你手中。

做错事要敢于认错

实话是我们最宝贵的东西，我们节省着使用吧。

——马克·吐温

"丁零零……"上课铃响了，教语文的郭老师走上讲台，响亮地喊了一声："上课！起立！""同学们好！""老师好！"大家坐下来，只有纪如敏同学依旧站着。"纪如敏，快坐下来！"老师点了一下头，示意他坐下。可纪如敏仍然没有动，也没有说话，只是生气地望着身边的椅子。大家奇怪地望着他，探头一看，呀！不知是谁搞恶作剧，在他椅子上吐了一口痰。郭老师走过来，看到了椅子上的痰，气得脸色都变了。他回到讲台边，猛地一拍讲桌，大声问："这是谁干的？"同学们吓了一跳，谁也没见过一向和蔼的郭老师这样生气。"是谁？主动站起来承认！"老师的声音更高了。教室里静悄悄的，同学们大气都不敢出。老师索性不说话了，在黑板上重重地写了两个字——"是谁"，还有一个大大的问号。

这时，坐在纪如敏旁边的一个女生慢慢地站起来了，几十双眼睛"刷"地投过去诧异的目光。难道是她——中队长乔诗盈？不会，她可是助人为乐的典范，老师的得力助手，每次中队会的主持活动都少不了她的身影。她会干出这种事？大家都呆了，老师也惊讶得说不出话来。她低着头,怯怯地用沙哑的声音说:"对不起,我感冒两天……我……不是故意的。"说完,就离开座位,慢慢地走到纪如敏的旁边,默默地掏出手绢,弯下腰轻轻地擦去痰,再用卫生纸把整个椅子擦了擦。做完这一切,她向纪如敏点了一下头,满脸歉意。

老师带头鼓掌,全班掌声如雷!

心灵寄语

卡耐基说:"有时候,走出自己的错误,都要比为它争辩意义更多。"生活中,谁都有犯错的时候,一个人做错了事,最好的处理方法就是老老实实认错,然后尽快走出错误的阴影而不要为自己做无谓的辩护,这是做人的美德,也是为人处世的学问。犯了错误,不肯承认自己的错误,反而找借口为自己开脱辩护,归根到底是人性弱点在作怪。

遭遇波折,镇定待之

勇敢是智慧和一定程度教养的必然结果。

——列夫·托尔斯泰

故事的发生地在印度。一对英国殖民地官员夫妇在家中举办一次丰盛的宴会,地点设在他们宽敞的餐厅里,那儿铺着明亮的大理石地板,房顶吊着不加任何修饰的椽子,出口处是一扇通向走廊的玻璃门。客人中有当地的陆军军官、政府官员及其夫人,另外还有一名美国学者。

午餐中,一位年轻女士同一位上校进行了热烈的辩论。这位女士认为"如今的妇女已经有所进步,不再像以前那样,一见到老鼠就从椅子上跳起来。"可上校却认为妇女们没有什么改变,他说:"不论碰到任何危险,妇女们总是一声尖叫,然后惊慌失措。而男士们碰到相同情形时,虽也有类似的感觉,但他们却多了一点勇气,能够适时地控制自己,冷静对待。可见,男士的这点勇气是最重要的。"

那位美国学者没有加入这场辩论,他默默地坐在一旁,仔细观察着在座的每一位。这时,他发现女主人露出奇怪的表情,两眼直视前方,显得十分紧张。很快，她招手叫来身后的一位男仆，对其一番耳语。仆人的双眼惊恐万分，他很快离开了房间。

除了美国学者，没有其他客人发现这一细节，当然也就没有其他人看到那位仆人把一碗牛奶放在门外的走廊上。

美国学者突然一惊。在印度，地上放一碗牛奶只代表一个意思，即引诱一条蛇。这也就是说，这间房子里肯定有一条毒蛇。他首先抬头看屋顶，那里是毒蛇经常出没的地方，可现在那儿光秃秃的，什么也没有；再看饭厅的四个角，前三个角落都空空如也，第四个角落也站满了仆人，正忙着上菜下菜；现在只剩下最后一个地方他还没看了，那就是坐满客人的餐桌下面。

美国学者的第一反应便是向后跳出去，同时警告其他人。但他转念一想，这样肯定会惊动桌下的毒蛇，而受惊的毒蛇很可能咬人。于是他一动不动，迅速地向大家说了一段话，语气十分严肃，以至于大家都安静了下来。

"我想试一试在座诸位的控制力有多强。我从一数到三百，这会花去五分钟，这段时间里，谁都不能动一下，否则就罚他50个卢比。预备，开始！"

美国学者不急不缓地数着数，餐桌旁的20个人，全都像雕像一样一动不动。当数到288时，学者终于看见一条眼镜蛇向门外的牛奶爬去。他飞快地跑过去，把通向走廊的门一下子关上。蛇被关在了外面，室内立即发出一片尖叫。

"上校，事实证实了你的观点。"男主人这时感叹道，"正是一个男人，刚才给我们做出了从容镇定的榜样。"

"且慢！"美国学者站出来，然后转身朝向女主人，"温兹女士，你是怎么发现屋里有条蛇的呢？"

女主人脸上露出一抹浅浅的微笑："因为它从我的脚背上爬了过去。"

心灵寄语

镇定，这是怎样的一种勇气啊！当人生出现意外，遭遇波折，你这艘在人生大海中航行的船是否还能保持正确的航向？镇定，需要勇气，更需要智慧！

让智慧与勇敢携手合作

不要害怕拒绝别人,如果自己的理由出于正当。

——三毛

三名海军上将谈论起什么是真正的勇气。

意大利将军说:"我告诉你们什么是勇气。"说完他招来一名水手。"你看见那根 100 米高的旗杆了吗?我希望你爬到顶端,举手敬礼,然后跳下来!"

意大利水手立即跑到旗杆前,迅速爬到顶上,漂亮地敬了个礼,然后跳下来。

"呵,真出色!"日本将军称赞说。他对一名日本水兵命令道:"看见那根 200 米高的旗杆了吗?我要你爬到顶,敬礼两次,然后跳下来。"

日本水兵非常出色地执行了命令。

"啊,先生们,这真是一次令人难忘的表演。"法国将军说,"但我现在要告诉你们,我们法国海军对勇气的理解。"

他命令一名水手:"我要你攀上那根高 300 米的旗杆顶端,敬礼三次,然后跳下来。"

"什么?要我去干这种事?先生你一定神经错乱了!"法国水手瞪大眼睛叫了起来。

"瞧,先生们,"法国将军得意地说,"这才是真正的勇气。"

勇敢的水手敢于拒绝,那么真正的男人就应该是懂得反抗的人。

心灵寄语

勇气如果没有智慧帮忙,那么一定会成为一场闹剧。当智慧与勇敢携手合作,人生才会精彩。所谓蛮力之勇,并非是真正的勇敢,真正的勇气从来都来自于一个充满智慧的心灵。

用笑脸迎接困境

伟大的胸怀,应该表现出这样的气概——用笑脸来迎接悲惨的厄运,用百倍的勇气来应付一切的不幸。

——鲁迅

一位不算年轻的朋友,讲了这么一个他亲身经历的故事。

10岁时,他父亲在事故中失去了一条腿。在医院里,望着哭得死去活来的他,父亲对他笑着说:"哭什么?这一来不是更好吗?以后你只要擦一只皮鞋就够了。"

从那一天起,他真正从一个人身上发现:天塌下来,却可以把它当成被子盖,这个人就是他父亲。长大后,他经过几年的艰苦创业,终于成为一个不算很出色却也算成功的商人。

在他父亲60岁生日时,他手捧一只破旧但洁净的皮鞋,对父亲说:"这是我珍藏多年的无价之宝,父亲,我谢谢您!"

他父亲看到20年前的那只皮鞋,老泪纵横,然后语重心长地说:"儿子,我没有白丢一条腿,值得啊!"

困苦经常会光顾我们漫长的一生,不断地丰富我们原本枯燥的人生。艰难阻是人生对你另一种形式的馈赠。面对突如其来的打击,要学会勇敢接受,努力将困苦化为成功的鞭策。

老鹰是世界上寿命最长的鸟类,它的年龄可达70岁。

要活那么长的寿命,它在40岁时必须做出一项困难却极重要的决定。

当老鹰活到40岁时,它的羽毛会长得越来越深厚,以致它的爪子开始老化,无法有效地抓住猎物;它的喙变得又长又弯,几乎碰到胸膛;它的翅膀变得十分沉重,飞翔起来十分吃力。

它只有两种选择:一是等死,一是经过一个十分痛苦的更新过程。

更新过程需要150天漫长的操练。它必须很努力地飞到山顶,在悬崖

上筑巢,停留在那里,不得飞翔。

老鹰首先用它的喙击打岩石,直到喙完全脱落,然后静静地等候新的喙长出来,再用新长出的喙把指甲一根一根地拔出来。

当新的指甲长出来后,它便把羽毛一根一根地拔掉。5个月以后,新的羽毛长出来了,老鹰开始飞翔。它重新获得了30年的生命!

心灵寄语

困境往往成为人生的转折,也往往是重生的起点。拿出你的勇气,天塌下来,还能当被盖!当我们审视自己的心灵,能否像故事里的老父亲那样,在风雨中看到彩虹?鼓足勇气,不要在生活再的阴晦中抱怨和悲伤,让原本多彩的生活重新亮起一道彩虹!

不向权威低头

世上如果还有真要活下去的人们,就应该敢说,敢笑,敢怒,敢骂,敢打。

——鲁迅

穆勒是法兰克福一家公司的总经理。他为了能聘到一名办公室秘书,同时在几家报纸刊登招聘广告,想聘一个业务素质高、品德高尚、有闯劲的职员。经过初选后,穆勒先生选中6名比较优秀的应聘者,向他们通知了下次见面的时间。穆勒太想聘到真正有价值的人才,所以他花了一番心思琢磨出一个好办法。

6名应聘者按约定时间准时来到办公室门外。八点半到了,他们敲响了总经理办公室的门。门内传出一声含混不清的"请进",6人推门走进去。

穆勒见他们进来,脸上勃然变色,厉声呵斥他们:"为什么这样没有修养,未经主人同意就擅自闯进房间来?"

见总经理无端动怒,大部分应聘者面面相觑,胆怯地低下了头。那是未来的顶头上司,谁敢招惹啊?

"总经理先生,"一个小伙子向满面怒容的穆勒先生走近了一步,说,"您搞错了。"另外几个应聘者听到这个不知深浅的家伙竟敢顶撞总经理,都暗暗幸灾乐祸,认为这下他们可少了一个竞争者。这个毛头小子还在说:"请不要发怒,总经理先生,您这样可有失风度啊。就算我们听错了,您也不能出口伤人啊。"

穆勒先生木然地摆手叫他们退下,只留下那个小伙子。那几个人想,大概这个家伙要倒霉了。出人意料,他们刚刚走出房间,穆勒先生就转怒为喜,他请小伙子坐下,说:"年轻人,你干得很好,有胆量指出我的过错,而且,是在我生气发火的时候,难能可贵啊。"说着,他拿过一份聘任书,在上面写了小伙子的名字。办公室外的其他人终于明白,原来穆勒先生是在考验他们。

心灵寄语

权威并不是主宰,不能成为主宰一切的理由。在人生的许多选择中,面对权势时的选择往往能体现出一个人的品性与胆识,这也往往成为衡量一个人是否为强者的标准。

敢于冒险

勇敢则是与深思和决断为伍的。

——俞吾金

1974年12月的某一天,比尔·盖茨的朋友保罗·艾伦来到坎布里奇看比尔·盖茨。在报亭里他看到了一份《大众电子学》。封面上醒目地写着:"世界上第一部微型电脑,堪与商用电脑匹敌。"

艾伦急忙买了一本,随便翻了几页,便向比尔·盖茨的宿舍跑去。他见到盖茨就说:"我们现在终于有机会动用 BASIC 做点事情了。"

盖茨明白,艾伦是对的:个人电脑将会创造一个奇迹!一旦电脑像电视机一样普及,对软件的需要将无穷无尽。到那时,他们这些软件设计的天才,前途将不可限量。

很长一段时间，他们曾想自己制造电脑。艾伦对电脑的硬件感兴趣，而盖茨对电脑的软件颇有研究，他认为软件才是电脑的生命。经过一场激烈的争论，艾伦最终认识到他们的优势是电脑的灵魂——软件。然而，当时的电脑非常稀少，只有少数政府部门、学校、大企业及个别私人拥有，这等于没有"肉体"，只有"灵魂"。因此，盖茨和艾伦可谓英雄无用武之地。

20世纪70年代初，是电脑发展史上的一道分水岭。在此之前，电脑距普通百姓非常遥远。

1971年，"电脑解放"的伟大革命在美国开始了。这年，英特尔公司制造出人类历史上第一个微型信息处理器。这个指甲盖大小的芯片，石破天惊般地开创了电脑发展史的新纪元。

1974年，新墨西哥州的一个电脑迷——罗伯茨制造出了世界上第一部微型电脑。

盖茨和艾伦都觉得机会就在眼前，决定立即采取行动。他们给罗伯茨打电话，自称是西雅图交通数据公司的代表，说他们研读了《大众电子学》杂志上那篇介绍阿尔塔家用电脑的文章，还说他们正好已经开发了一种BASIC语言，只要稍微改动，就可以用到阿尔塔8080上，询问罗伯茨对此是否有兴趣。

罗伯茨从声音上听出了是两个孩子。他冷冰冰地告诉他们，至少有50个人对他说过相同的话，而他只想看结果，谁最先向他提供成熟的语言，他就跟谁做生意。

盖茨和艾伦都知道这个机会来之不易，他们不想等待，让机会白白溜走。于是他们立即给罗伯茨写了一封信，说他们已研制成了一种可以在所有8080微处理器上使用的BASIC语言翻译器，他们愿意通过罗伯茨的公司，出售拷有这个软件的磁带或磁盘，每套仅收0.5美元。

罗伯茨见信，才改变了主意，认为这两个孩子说的可能是真的，于是他按信封上的电话号码给他们去了一个电话。但电话却打到了湖滨中学而不是哈佛大学，接电话的人根本不知道这是怎么回事。罗伯茨以为受了戏弄，大感不悦。这个误会是比尔·盖茨不拘小节的毛病造成的。幸亏比尔·盖茨是个坚定执着的人，不会受任何意外障碍的干扰，因此，不拘小节的毛病才不至于给他造成太大的伤害。

比尔·盖茨和保罗·艾伦心里很清楚，现在的关键是赶快拿出东

西来，说得再多也没用。说不定还有别人在做一样的工作，他们必须抢在前面。他们并不知道那封信已使罗伯茨产生了误会，只是埋头设计程序。一连八个星期他和保罗·艾伦夜以继日地待在机房。照说，要为阿尔塔 8080 电脑编程序，首先应当有一台这样的机器，可是迄今为止，他们还只是在《大众电子学》的封面上见过一台这种机器的空壳子。好在他们已经十分熟悉 PDP-10 型电脑，在 PDP-10 型电脑上可模拟阿尔塔的微处理器，而 PDP-10 型电脑在哈佛大学是不难找到的。

此前，保罗·艾伦已读过关于 8080 芯片和阿尔塔电脑的各种文章，他用了两个星期的时间，在 PDP-10 型电脑上做了阿尔塔处理器的模拟器，比尔·盖茨则为该机的 BASIC 语言编制了设计要领。

他们两个在机房中废寝忘食，埋头苦干，每天只睡一两个小时。当盖茨力不能支的时候，就躺在工作台后打个盹，一醒过来，又接着干。

与此同时，他们曾多次与罗伯茨交涉，希望多得到一些在《大众电子学》上见不到的有关阿尔塔电脑的资料。罗伯茨问他们何时能去阿尔伯克基演示他们的 BASIC 语言。最初，盖茨说只需三四个星期。他的确只用三星期时间就编完了程序，但接下来，却耗费了四星期时间对其进行修改，直至满意。

盖茨事后说，在他写的所有程序中，他最骄傲的就是在哈佛苦干八星期而完成的这个 BASIC 程序。他说："这是我写得最棒的一个。"

1975 年 7 月，比尔·盖茨和保罗·艾伦在新墨西哥州的阿尔伯克基正式创建了微软公司。

这一年，盖茨和艾伦的年龄分别是 20 岁和 22 岁。

按照盖茨和艾伦当时的决定，公司的权益按个人投入的劳动分配：盖茨为 60%，艾伦为 40%。

一开始，他们合住在"汽车旅馆"中的一间小屋里，后来，他们搬进了市区一个价格低廉的公寓。

微软公司成立后，他们就同罗伯茨的微型仪器公司签订了第一个合同，把销售 BASIC 语言软件的专利权授予微型仪器遥测系统公司。

从此，他们的生活发生了巨变，今天，他们已是全世界最大的软件生产商。

心灵寄语

一般人遇到一些突发情况,往往会犹豫不决,生怕白费力气,结果,机会就在迟疑和等待中白白错过了。而比尔·盖茨的身上就有一种大企业家的魄力,那就是他做任何事都敢于冒险,认准了就毫不犹豫地去干。这种魄力无论是在他创业之初还是在后来,都是他取得成功的一个重要因素。

倒下去应该迅速站起来

勇敢产生于斗争中,勇气是在每天对困难的顽强抵抗中养成的。

——奥斯特洛夫斯基

勇敢产生于斗争中,勇气是在每天对困难的顽强抵抗中养成的。我们青年的箴言就是勇敢、顽强、坚定,就是排除一切障碍。

一位父亲很为他的孩子苦恼,因为他的儿子已经十五六岁了,可是一点男子汉气概都没有,于是,父亲去拜访一位禅师,请他训练自己的孩子。

禅师说:"你把孩子留在我这里。3个月以后,我一定可以把他训练成真正的男人,不过,这3个月里面,你不可以来看他。"父亲同意了。

3个月后,父亲来接孩子。禅师安排孩子和一个空手道教练进行一场比赛,以展示这3个月的训练成果。

教练一出手,孩子便应声倒地。他站起来继续迎接挑战,但马上又被打倒,他又站起来……就这样来回回一共16次。

禅师问父亲:"你觉得你孩子的表现够不够男子汉气概?"

父亲说:"我简直羞愧死了!想不到我送他来这里受训3个月,看到的结果是他这么不经打,被人一打就倒。"

禅师说:"我很遗憾,因为你只看到了表面的胜负。你有没有看到你儿子那种倒下去立刻又站起来的勇气和毅力呢?这才是真正的男子汉气概啊!"

心灵寄语

真正的巨人并不是他从未倒下,而是他每一次倒下之后又能迅速地、坚定地站起来,这才是真正的勇气。

生活中从不失败的人根本不存在。失败有时也是检验一个人品质的机会,因为有的人就此一飞冲天,有的人从此一蹶不振。这其中的差别就是勇气的有无。

第八辑 绝不轻言放弃

拥有永不服输的心

困难与折磨对于人来说,是一把打向坯料的锤,打掉的应该是脆弱的铁屑,锻成的将是锋利的钢刀。

——契诃夫

森林里有三头凶猛的狮子。一天,由森林中的动物们选出的代表猴子召集大家在一起开会,它要求大家做出一项决定:"我们都知道狮子是百兽之王,但是我们森林里有三头狮子,三头狮子都非常凶猛,我们应该服从哪头狮子,拜谁为王呢?"

这三头狮子也知道其他动物在开会,于是它们在一起商议:"其他动物难以裁决是有道理的,因为这里不能同时有三个林中之王。我们三个也不想拼个你死我活,因为我们是朋友,我们该怎么办呢?"

动物们在激烈讨论之后做出决定并通知了这三头狮子:"我们找到了一个非常简单的办法,那就是你们三个比赛爬山,第一个登上山顶者为王。"

全体动物都观看了这场爬山比赛。第一头狮子往上爬,爬到一半就下山了;第二头狮子往上爬,爬到一半也下山了;第三头狮子拼命往上爬,但是山实在太高了,尽管它用尽全力,也没能登上山顶。于是,动物们一筹莫展了,议论纷纷,到底该选哪只狮子当森林之王呢?这时,一只经验丰富的老鹰说:"我知道应该拜谁为王。"顿时,山上鸦雀无声,大家都安静下来,用期待的眼神看着老鹰。

老鹰说:"狮子爬山时,我在天空飞翔,听到了它们对大山说的话。第一头狮子说:'大山,你赢了。'第二头狮子也说:'大山,你赢了。'只有第三头狮子说:'大山,你现在暂时赢了,但是你已经不能再长高了,而我还要继续成长,等过一段时间,我一定会征服你的。'"

老鹰最后说:"三头狮子的区别在于第三头狮子有永不服输的心。因为它在失败时不气馁,困难虽大,但它有一颗凌驾于困难之上的心,只有它配做狮王,也只有它配做百兽之王。"在动物们的欢呼声中,第二头狮子被拜为森林之王。

心灵寄语

不断战胜困难,才使我们的生命充满乐趣。强者不惧怕困难,更不会被困难压倒,即使暂时战胜不了,他们也不气馁,而是积蓄力量,等待时机,以图战胜它。

生命是属于强者的

人的命运就操纵在人的手里。

——萨特

岩石长年累月地经受风侵雨蚀,裂开了一道缝。

一粒草的种子落到岩缝里来。

岩石说:"孩子,你怎么到这儿来了?我们太贫瘠了,养不活你啊!"

种子说:"老妈妈,别担心,我会长得很好的。"

经过阵阵春雨的滋润,种子从岩缝里冒出了嫩芽。

阳光爱抚地照耀着它,春风柔和地轻拂着它,雨露更不断地给这不平凡的幼芽以最慈爱的关怀和哺育。

小草渐渐长大了,长得很健康、很结实。

岩石高兴地说:"孩子,你真不错!你是倔强的,是值得我们骄傲的!"它用自己风化了的尘泥,把小草的根拥抱得更紧了。

一个诗人走过,看见了从岩缝里长出来的小草,不禁欣喜地吟咏道:"啊!小草的生命多么顽强,我要千百遍地赞美它。"

小草谦逊地说:"值得赞美的不是我,而是阳光和雨露,还有紧抱着我的根的岩石妈妈。"

心灵寄语

命运是强势的,它不容你谈判就降临。然而,改变命运的主动权依旧掌握在强者的手中。即使生命被抛落在狭窄的裂隙中,强者也绝不会抱怨,而是顽强抗争,在命运的夹缝中高昂着他高贵的头颅。

不经锻炼,终难成器

物不经锻炼,终难成器;人不得切琢,终不成人。

——李贽

英国劳埃德保险公司曾从拍卖市场买下一艘船,这艘船原属于荷兰福勒船舶公司。它在1894年下水,在大西洋上曾138次遭遇冰山,116次触礁,13次起火,207次被风暴扭断桅杆,然而它从没有沉没过。

劳埃德保险公司老板犹太人劳伦斯基于它不可思议的经历及在保费方面带来的可观收益,最后决定把它从荷兰买回来捐给祖国以色列。现在这艘外壳凹凸不平,船体微微变形的船就停泊在以色列国家船舶博物馆里。

不过,使这艘船名扬天下的并非劳埃德公司,而是一名来观光的犹太律师。当时,他刚打输了一场官司,委托人于不久前自杀了。尽管这不是他的第一次失败辩护,也不是他遇到的第一例自杀事件,然而,每当他遇到这样的事情,他总有一种负罪感。他不知该怎样安慰这些生意场上遭受了不幸的人,这些人有的被骗,有的被罚,他们或血本无归,或倾家荡产,也有的因打输了官司,落得债务缠身。

当他在萨伦船舶博物馆看到这艘船时,忽然有一种想法,为什么不让他们来参观参观这艘船呢?于是,他就把这艘船的历史抄下来和这艘船的照片一起挂在他的律师事务所里。每当商界的委托人请他辩护时,无论输赢,他都建议他们去看看这艘船。据英国《泰晤士报》说,截至1987年,已有1230万人次参观过这艘船,仅参观者的留言就有170多本。

也许我们大多数人都没有去过以色列,也不知道这些参观者在留言簿上写了些什么,但有一点似乎是不能少的——那就是,在大海上航行的没有不带伤的船。

心灵寄语

一艘航船,只有经历风暴、触礁等危险才可到达彼岸;一块璞玉,只有经过工匠的细心打磨和雕琢才能展露风华。

在艰难的遭遇里不屈服

卓越的人的一大优点是在不利与艰难的遭遇里百折不挠。

——贝多芬

青年时期的司马迁怀揣父亲的遗愿——写出一部叙述古今兴衰成败的史书，游历名山大川，广泛搜集史料。正当一切准备就绪，司马迁正要着手著述《史记》的时候，一场大祸从天而降。由于他执意为大将李陵求情，致使汉武帝大怒，降罪于司马迁，并被处以宫刑！

宫刑作为中国古代的五刑之一，虽然不至于危及生命，却是刑罚中最卑贱的一种，是比死还要可怕的奇耻大辱。此时，司马迁精神上的巨大痛苦远远超过肉体。屈辱和悲愤深深地折磨着他，他真的不愿再活下去了。但他总觉得有什么东西在撞击着心灵，使他有难以割舍之感。是什么呢？是父亲的遗愿，也是他毕生的追求——《史记》。司马迁感到《史记》已酝酿成熟，正躁动于心中，为了这部亘古未有的鸿篇巨制，他不能死！

司马迁从生死的徘徊中渐渐地解脱出来，他毅然抛开了自杀的念头，决心隐忍苟活，完成已经开始的著书大业。他的苟且偷生的行为招致了许多轻蔑、讥讽的目光，每每想到这种耻辱，司马迁只有把无限的愤懑和痛苦贯注到笔端，夜以继日，勤奋著书。

大约公元前90年，辉煌的巨著《太史公书》（即《史记》），终于完成了。这时，司马迁已年近60岁了。他写作《史记》，从公元前108年任太史令算起，前后近20年。如果把他20岁开始的实地采访以及后来的删订、修改时间加在一起，足有40年之久，耗费了他毕生的心血。

司马迁与他的《史记》是永存的。这位饱经命运磨难的大师，依靠一种常人难以想象的自强不息的精神，了却了毕生夙愿，也为中国留下了这笔珍贵的文化遗产。

心灵寄语

谁没遭受过挫折，谁没遇到过逆境，但有几人曾承担屈辱而不放弃？

屈辱有如人生的低谷，是生命的暗夜，不曾经历过的人，不会体会到自强的意义有多么重要！

拥有坚持不懈的恒心

只有毅力才会使我们成功……而毅力的来源又在于毫不动摇，坚决采取为达到成功所需要的手段。

——车尔尼雪夫斯基

拿破仑出生于穷困的科西嘉没落贵族家庭，他父亲送他进了一个贵族学校。他的同学都很富有，大肆讽刺他的穷苦。拿破仑非常愤怒，却一筹莫展，屈服在威势之下。就这样他忍受了足足5年的痛苦。但是这5年中的每一次嘲笑、每一次欺侮、每一次轻视，都使他暗暗下定决心，发誓要做给他们看，证明他确实是高于他们的。

但是光有决心还不够，还必须拿出实际行动。为此，拿破仑心里暗暗计划，决定利用这些没有头脑却傲慢的人作为桥梁，使自己获得财富、名誉和地位。

在他16岁当少尉的那年，他遭受了另外一个打击，那就是父亲的去世。在那以后，他不得不从很少的薪金中，省出一部分来帮助母亲。当他接受第一次军事征召时，必须步行非常长的距离去加入部队。

等他到了部队里时，他看见他的同伴和在学校里的同学一样，他们用多余的时间追求女人和赌博。在部队里，他那不受人喜欢的体格使他没有资格得到本该得到的职位，同时，他的贫困也使他失掉了后来争取到的职位。于是，他改变方针，用埋头读书的方法，去努力和他们竞争。读书和呼吸一样是自由的，因为他可以不花钱在图书馆里借书读，这使他得到了很大的收获。

他并不是读没有意义的书，也不是专以读书来排解自己的烦闷，而是为自己的理想做准备。他下定决心要让全天下的人知道自己的才华。因此，他在选择图书时，也就是以这种决心来限定范围。他住在一个既小又闷的房间内，在这里，他脸无血色，孤寂、沉闷，但是他却不停地读着。就在这样的条件下,拿破仑凭着坚持不懈的恒心,认真地读了几年书。

通过几年坚持不懈的努力,他从书本上所摘抄下来的记录,仅后来印刷出来的就有400多页。他想象自己是一个总司令,将科西嘉岛的地图画出来,运用数学的方法精确地计算出哪些地方应当布置防范。因此,他的数学才能获得了提高,这使他第一次有机会表现自己。

他的长官看见拿破仑的学问很好,便派他在操练场上执行一些需要极复杂的计算能力的工作。他的工作做得极好,于是他获得了新的机会,开始走上有权势的道路。

后来,一切的情形都改变了。从前嘲笑他的人,现在都拥到他面前来,想分享一点他得到的奖励金;从前轻视他的人,现在都希望成为他的朋友;从前揶揄他是一个矮小、无用、死用功的人,现在也都很尊重他。他们都变成了他的忠心拥戴者。

心灵寄语

拿破仑的例子告诉我们,没有坚持不懈的恒心,任何信念与决心都是空的,软弱无力的。所以说,坚持不懈的恒心是意志力的第二大要素。只有持之以恒的人,才是意志力坚强的人。

痛苦并非坏事

痛苦并非坏事,除非痛苦征服了我们。

——金斯利

"马拉松人"约翰·布伦迪战胜了绝望,这是众所周知的事实。

1973年6月6日那天,约翰照常做20分钟的晨跑运动,然而他没想到的是,这次晨跑成了他一生中的最后一次跑步。

那天早晨跑完以后,约翰照旧到工地去,他和另外三人一同在屋顶上工作。天气非常炎热,工作条件也很艰苦,这时监工叫约翰拿一样工具给他。约翰便移动双脚,不料房顶水泥尚未凝固,就这样,他从上面

掉下去了。

约翰失去了控制,他头朝下往下坠落。

约翰事后回忆说:

那时候我听到很多杂音和背骨折碎的声音……

现在想起来真是害怕,我整个身体一直往下掉,整个人就像饼干一样,那一瞬间我发现脚一点知觉也没有。

以后的数秒之中恐怖、愤怒、绝望——向我袭来,我很想站起来,可是心有余而力不足,能听从脑部指挥的只有头部,其他部位已完全没有知觉。

我好像听到有人在上面说:"哎哟!约翰掉下去了。"

我心里不断期望,也不断诅咒。我把头转向左边,看到10公分远的地方有穿着鞋子的双脚,脚尖就在眼前,好像是我的脚,可是怎么会在这里呢?

那一刻,我绝望了。

醒来时,我发现头部两侧的针头已经取出来,原来我已经在医院里了。当时我想,只要安静下来,痛苦会逐渐减轻。

令我惊讶的是,我全身竟像木乃伊一样,被白布包裹起来,而我一点知觉也没有。

经过几个星期之后,约翰的伤势已被认定终生无法痊愈。可是他并未因此而绝望,而且依旧充满希望,盼望奇迹出现,使他的脊椎再度恢复健康,因此他专心致志地接受治疗。

约翰急切地想知道自己的病情,唯一的方法只有向护士打听,有一天,他听到护士指着他房间的方向对助手说:"四肢麻痹就是像他那个样子。"

约翰从来没有见过四肢麻痹的人,他甚至没有想过四肢会同时麻痹,更未曾想到自己竟变成这个样子。

简单的一句话揭开了事情的真相。原来他是一个年轻又健康的丈夫和父亲,可是现在他头部以下全部麻痹,完全形同废人。

虽然如此,约翰仍然决定活下去;虽然痛苦不曾减轻,可是他活得比谁都坚强。

约翰说:"我之所以决心生存下来,是因为有三个老师作为我人生的指针,这三个老师是愿望、献身、意志。我想活下去,想治好病,想知道自己究竟可以做什么事。我有这些愿望,这三个老师经常在心中,我为此而奋斗,并相信有一天我可以获得成功,所以我永不绝望。"

心灵寄语

约翰证明了一件事,那就是即使你身处厄运与绝望之中,你仍然能够成功,仍然可以掌握自己的命运。

厄运与绝望是人生不可避免的。但厄运也可以成为人一生的转折点,命运的不公不能让自己失去生存的勇气,失去生命的希望。

抓住生存的希望之绳不放弃

希望在任何情况下都是必需的,如果没有希望的安慰,贫困、疾病、囚禁的悲惨境遇就会让人不能忍受。

——约翰逊

那年夏天,小玲和同学们去游泳。游玩中,不谙水性的小玲突然沉入水中,她手忙脚乱地蹬上来,双手冲出水面去扒池边,没想到竟失手了!她再次跌入水里,慌忙之中双脚猛蹬,两手乱抓,却抓不住池边了。小玲挣扎着,巨大的恐惧突然攫住了她的心。她不再乱动,努力下沉,再下沉,争取触到池底。然而,很久很久,她的两脚依然空空的。冥冥之中,一个意念在小玲脑海里闪动:一定能成功!一定能成功!

然而,她的两只脚尖依然空空的,唯有水,那可恶的水破开小玲的嘴唇,一口,又一口,一连灌了好几口。她实在憋不住气了,她要完了,真想放弃努力,任凭水去摆布。可是她并不绝望,强闭着嘴唇坚持着,并鼓励自己:坚持下去!坚持下去!突然,她的脚触到了硬物,那分明是坚硬的池底!终于,她的双脚平踩在池底上,再猛一蹬,冲出水面,双手扒住了池边。她大口喘着气,眼泪也跟着流了出来……

喘定了,哭过了,小玲瘫在光洁的池边,环顾四周:池中男男女女,或游或戏,欢声笑语,没有人注意她,更不会有人知道,在这平静的池边,她刚刚经历了一场生与死的搏斗。

生存斗争就是抓住生存的希望之绳，永不放弃，不论有多难，都要咬紧牙关坚持住。拥有希望，你就不会被击倒。

一位弹奏三弦琴的盲人，渴望在有生之年看看世界，但是他遍访名医，都说没有办法。有一日，这位琴师碰见一个道士，道士对他说："我给你一个保证治好眼睛的药方，不过，你得弹断一千根弦，方可打开这张药方。在这之前，是不能生效的。"

于是，这位琴师带了一位也是双目失明的小徒弟游走四方，尽心尽意地以弹唱为生。一年又一年过去了，在他弹断了第一千根弦的时候，这位琴师迫不及待地将那张藏在怀里的药方拿了出来，请人代他看看上面写着什么药材，好治他的眼睛。

那人接过药方来一看，说："这是一张白纸嘛，并没有写一个字。"那位琴师听了，潸然泪下，突然明白了道士那"一千根弦"背后的意义。就为着这一个"希望"，支持他尽情地弹下去，而匆匆几十年就如此活了下来。

这位琴师没有把这个故事的真相告诉他的徒儿，而是将这张白纸慎重地交给了他那渴望能够看见世界的弟子，并对他说："我这里有一张保证治好你眼睛的药方，不过，你得弹断一千根弦才能打开这张纸。现在你可以去收徒弟了，去吧，去游走四方，尽情地弹唱吧！"

心灵寄语

人活于世，如一叶扁舟颠簸于大海。当狂风恶流扑向生命时，我们首先想到的应该是自救，是顽强地活下去。要知道，延续你生命的一些决定因素，他人往往是无能为力的。

意志坚强，战胜命运

坚持对于勇气，正如轮子对于杠杆，那是支点的永恒更新。

——雨果

荷兰的绝大部分国土低于海平面，只有依靠海堤的阻挡才能使陆地免受海水的侵袭。为了保护自己的家园，几个世纪以来，荷兰人民一直在加固这些海堤，即使是孩子们也知道这些海堤必须时刻得到看护，哪怕指头大小的一个小洞，也会引起灾难性的后果。

许多年前，在荷兰有一个叫彼得的男孩。彼得的父亲是一个守卫海堤水闸的工人，负责启闭水闸以便船只从荷兰的运河进入大海。

彼得8岁那年，一个早秋的下午，母亲招呼正在玩耍的彼得。"来，彼得，"她说，"你穿过海堤把这些饼给你的失明的朋友送去。如果你走快点，不停下来玩耍，在天黑前就可以回到家里了。"

彼得非常乐意去做这件事，他带着愉快的心情上路了。他和那个失明的朋友一起待了一会儿，告诉他走过海堤的情形，他见到的太阳、花朵和远处海上的船只。他想起了母亲让他天黑前回家的嘱咐，就和他的朋友道别，走上了回家的路。

当他走过运河边的时候，他注意到雨水使水面上涨了，波浪冲刷着海堤。这使他想起了父亲守卫的水闸。

"我真高兴海堤这么坚固，"他对自己说，"如果它们垮了，真不知道会发生什么事，这片美丽的土地将被海水淹没。爸爸总是叫它们'愤怒的水'，我猜想爸爸认为它们对他发怒是因为他把它们关在外边太久了。"

他不时停下来在路边采上几朵美丽的蓝色花，或者听一听野兔跑过草地时发出的轻柔的足音。更多的时候，他因为想起对那个可怜失明朋友的看望而微笑着。可怜的失明朋友是那样缺少快乐，彼得每次见到他总是那么开心。

突然彼得注意到太阳正在西沉，天快黑了。"妈妈一定在盼我呢！"想到这里，他拔腿朝家中跑去。

正在这时，他听到了一个声音。那是水流的滴答声！他停住往下看。海堤上有一个小洞，一小股水流正通过它渗进堤内。

荷兰的每一个孩子一想到海堤的裂隙都会感到恐惧。

彼得立刻意识到了危险。一旦水流在海堤上穿出一个小洞，它很快会将小洞变成大洞，最后将淹没整个国家。他马上意识到自己该干什么。他扔掉手中的花束，爬下海堤，用手指堵住了洞眼。

水流停止了。

"嘿！"他对自己说，"愤怒的水这下被挡回去了。我用手指把它们挡回去了。只要我在这儿，荷兰就不会被淹没。"

开始的时候,一切都不错,但是不久天就黑了,也变冷了,彼得拼命喊叫。"来人哪!来人哪!"但是没有人听到他的叫喊,没有人来帮助他。

天更冷了,彼得的两臂酸疼,又僵又麻。他再一次呼叫:"没有人来帮我吗?妈妈!妈妈!"

太阳下山以后,他的妈妈已经焦急地用目光在海堤上搜寻了好多次,但是现在她关上了农舍的门,因为她想她的小男孩一定留在他的朋友那儿过夜了。未经她的允许就在外边过夜,明早她一定要好好训诫他一顿。

彼得想用口哨引起别人的注意,但是天太冷,他的牙齿直打战。他想着他那正躺在温暖的被窝里的弟弟和妹妹,还有他亲爱的爸爸、妈妈。"我不能让他们被水淹死,"他想,"我必须一直待在这儿,直到有人来帮我,即使我得整夜待在这里也不能退却。"

彼得蹲坐在海堤边的一块石头上,月亮和星星看着他。他的头低下了,眼睛闭上了,但他并没有睡着,他不时用另一只手揉一揉那只抵挡着愤怒的大海的手。

"无论如何我一定要坚持住!"他想。他坚守了整整一夜,把海水挡在堤外。第二天一早,一个从堤上走过的赶路人听到了孩子的呻吟声。他从堤边往下探看,发现彼得紧靠在海堤上。

"发生什么事了?"他喊道,"你受伤了吗?"

"我在阻挡海水,"彼得叫道,"告诉他们快来人!"

警报传开了。人们带着铁锹赶来,洞口很快修复了。

他们把彼得带回家,交给他的父母。不久,整个小镇都知道了彼得如何在那天夜里救了大家的命。直到今天,人们还永远铭记着这位勇敢的荷兰小英雄。

心灵寄语

命运全在搏击,坚持就是胜利。对于意志坚强的人,只要咬紧牙关,死神都会惧怕。

第九辑 让仁爱之心常驻心中

无声的关怀

> 无声的关怀、善良的感情和情感的修养是人道精神的中心。
> ——苏霍姆林斯基

一座城市来了一个马戏团。有5个孩子穿着漂亮的衣服，牵着父母的手排在队伍中等候买票。他们不停地谈论着上演的节目，一个个兴高采烈，好像已经看到了台上的表演似的。

终于轮到他们了，售票员问要多少张票，父亲小心地回答："请给我5张小孩的和2张大人的。"

售票员说出了价格。

母亲的心颤了一下，转过头把脸垂了下来。父亲咬了咬唇，又问："你刚才说的是多少钱？"售票员又报了一次价。

父亲眼里透着痛苦，他实在不忍心告诉他身旁兴致勃勃的孩子们：我们的钱不够！

一位在父亲身后排队买票的男士目睹了这一切。他悄悄地把手伸进口袋，把一张20元的钞票拉出来，让它掉在地上。然后，他蹲下去，捡起钞票，拍拍那个父亲的肩膀说："对不起，先生，你掉了钱。"

父亲回过头，他明白了原因。他眼眶一热，紧紧地握住男士的手，感谢这位男士在自己心碎、困窘的时刻帮了忙："谢谢，先生。这对我和我的家庭意义重大。"

心灵寄语

最耀眼的宝石往往深埋在无人知晓的地方。善行不是华美的舞台剧表演，真正的仁慈就是朴实的善良。同情心是爱心的反映，有时候我们不用做什么，只要让别人感受到我们对他的同情和关怀，就能够让别人感受到爱心的温暖。但是，同情和关怀不是一味的怜悯，不是不顾及别人尊严的施舍，这样的关怀在某种意义上是对别人人格的践踏和侮辱，有自尊心的人是不会接受的。

宽容善意的谎言

心地过于脆弱而且善良,有时无法做到非常诚实。

——罗曼·罗兰

1842年,在英国一个边陲小镇,突然一声枪响打破了深夜的死寂。刚来警察局报到的年轻人,听到枪响,就立刻爬起来,跟随犹太警长匆匆向出事地点赶去。

发现一位青年人倒在卧室的地板上,身下一片血迹,右手已无力地松开,手枪落在身旁的地上,身边的遗书笔迹纷乱。他钟情的女子,就在前一天与另一个男子走进了教堂。

屋外挤满了围观的人群,死者的6位亲属都呆呆伫立着。年轻的警察禁不住向他们投去同情的一瞥,他知道,他们的哀伤与绝望,不仅因为亲人的逝去,还因为他们是犹太教徒。对于犹太教徒来说,自杀便是在上帝面前犯了罪,他的灵魂将在地狱里饱受烈焰焚烧。而风气保守的小镇居民,会视他们全家为异教徒,从此不会有好人家的男孩子约会他们家的女孩子,也不会有良家女子肯接受这个家族的男子的戒指和玫瑰。

这时,一直沉默的双眉紧锁的警长突然开了口:"这是一起谋杀。"他弯下腰,在死者身上探摸了许久,忽然转过头来,用威严的语调问道:"你们有谁看到他的银挂表吗?"那块银挂表,镇上的每一个人都认得,是那个女子送给年轻人唯一的信物。人们都记得,在人群集中的地方,这个年轻人总是每隔几分钟便拿出这块表看一次时间。在阳光下,银挂表闪闪发光,仿佛一颗银色温柔的心。所有的人都极力否认,包括围在门外看热闹的那些人。警长严肃地站起身:"如果你们谁都没看到,那就一定是凶手拿走了,这是典型的谋财害命。"死者的亲人们号啕大哭起来,耻辱的十字架突然化成了亲情的悲痛。原来冷眼旁观的人们也开始走向他们,表达慰问和吊唁。警长充满信心地宣布:"只要找到银表,就可以找到凶手了。"

门外阳光明媚,六月的大草原绿浪滚滚。年轻助手对警长明察秋毫的判断钦佩有加,他不无真诚地问道:"我们该从哪里开始找银挂表呢?"

警长的嘴角露出一抹难以察觉的笑意,伸手慢慢地从口袋里掏出一块银挂表。助手禁不住叫出声来:"难道是……"警长看着周围广阔的草原依然保持沉默。"那么他肯定是自杀。你为什么硬要说是谋杀呢?""这样说了,他的亲人们就不用担心他灵魂的向往,而他们自己在悲痛之后,还可以像任何一个犹太教徒一样开始新的生活。""可是你说了谎,说谎也是违背戒律的。"警长用严肃的表情盯着助手,认真地说:"年轻人,请相信我,6个人的一生,比摩西戒律还重要。而一句因为仁慈而说出的谎言,只怕上帝也不会听见。"多年以后,那位年轻警官已经成为一名经验丰富、受人敬重的警长。他回忆说,那是他遇到的第一桩案子,也是他一生中最有意义的一课。

心灵寄语

有时候,善良地掩饰要胜过无情地追究事实。人们总是过于注重事实表现出的结果,而忽略了产生事实的原因,然而,原因往往比结果更重要。相信上帝也会偏爱那些具有善良动机的人,也会宽容包藏着善意的谎言。

拥有一颗善良的心

在一切道德品质之中,善良的本性在世界上是最需要的。

——罗素

这是一个守墓人亲身经历的故事。每周守墓人都会收到一位素不相识的妇人的来信,信中附着钞票,要他每周帮她给她的儿子墓地放束鲜花,这样的状况持续了很多年。

后来有一天,他们见面了。那天,一辆小车开来停在公墓大门口,司机匆匆来到守墓人的小屋,说:"夫人在门口车上,她病得走不动,请你去一下。"

一位上了年纪的妇人坐在车上,表情有几分高贵,但眼神哀伤,毫无光彩。她怀抱着一大束鲜花。

"我就是鲁比夫人。"她说,"这几年我每个礼拜给你寄钱……"

"买花。"守墓人答道。

"对，给我儿子。"

"我一次也没忘了放花，夫人。"

"今天我亲自来，"鲁比夫人说，"因为医生说我活不了几个礼拜。死了倒好，活着也没意思了。我只是想再看一眼我儿子，亲手来放一些花。"

守墓人眨着眼睛，苦笑了一下，决定再讲几句："我说，夫人，这几年您常寄钱来买花，我总觉得可惜。"

"可惜？"

"鲜花搁在那儿，几天就干了。没人闻，没人看，太可惜了！"

"你真的这么想？"

"是的，夫人，您别见怪。我是想起来自己常去的敬老院，那儿的人可爱花了。他们爱看花，爱闻花。那儿都是活人，可这些墓里的人哪个活着？"

老夫人没有做声。她只是小坐一会儿，默默地祷告了一阵，没留话便走了。守墓人后悔自己一番话太直率、太欠考虑，这会使她受不了。

可是几个月后，这位老妇人又忽然来访，把守墓人惊得目瞪口呆：她这回是自己开车来的。

老妇人微笑着，显得很开心："我把花送给那里的人们了。他们看到花是那么高兴，这真让我感到快乐！我的病也好转了，医生都不明白怎么回事，可是我自己明白。"

心灵寄语

鲜花是世间美的使者，美丽的鲜花盛开在需要关爱的地方，更会令整个世界都充盈着善意的关怀和爱的感动。其实，使这个世界美丽的是一颗颗善良的心灵。

在心中播种善良的种子

对于心地善良的人来说，付出代价必须得到报酬，这本身就是一种侮辱。美德不是装饰品，而是美好心灵的表现形式。

——纪德

有一次，阿根廷著名的高尔夫球手罗伯特·德·温森多赢得一场锦标赛，捧得了金灿灿的奖杯。领到支票后，他微笑着从记者的重围中出来，到停车场准备回俱乐部。这时候，一个年轻的、愁容满面的女子向他走来，她向温森多表示祝贺后，就说起她可怜的孩子病得很重——也许会死掉，而她却无论如何也付不起昂贵的医药费和住院费。

温森多被她的讲述深深打动了。他二话没说，掏出笔在刚赢得的支票上飞快地签了名，然后塞给那个女子。

"这是这次比赛的奖金，足够付得起孩子的医药费和住院费。祝可怜的孩子好运。"他说道。

一个星期后，温森多正在一家俱乐部进午餐，一位职业高尔夫球联合会的官员走过来，问他一周前是不是遇到一位自称孩子病得很重的年轻女子。

"是停车场的孩子们告诉我的。"官员说。

温森多点了点头。

"哦，对你来说这是个坏消息，"官员说道，"那个女人是个骗子，她根本就没有什么病得很重的孩子。她甚至还没有结婚哩！温森多，你让人给骗了！我的朋友。"

"你是说根本就没有一个小孩子病得快死了？"

"是这样的，根本就没有。"官员答道。

温森多长吁了一口气。"这真是我一个星期来听到的最好的消息。"温森多说。

心灵寄语

真正的冠军，不仅属于赛场、属于竞技。能够赢得品质、内心的正义，才称得上真正的冠军，因为他是人生的冠军，赢得了世界的尊重。

恻隐之情让我们变成一个悲天悯人的人，而这份悲悯之情正是人类与其他事物的不同之处，是人与人之间所必需的。因此，每个人都应该在心中播种善良的种子。如此，日后方能绽放出绚烂的花朵。

善良的人常会收获意外惊喜

> 生活的目标是善良,这是我们的灵魂所固有的一种感情。
> ——列夫·托尔斯泰

一个周末的晚上,松树堡的寡妇正和她5个年幼的儿女围坐在火堆旁。虽然和孩子们说笑着,但她心里却愁云密布。她没有一个朋友,没有任何人可以依靠。这一年来,她一个人用瘦弱的双手支撑着整个家庭。

如今正值寒冬,森林早已披上了洁白的银装,北风吹得松枝哗哗作响,连她的小屋也颤动起来。屋内的火堆上正烤着一条青鱼,这是她们全家唯一的一点食物。当她看到孩子们欢笑的脸庞时,心里便充满了无限的凄楚和焦虑。是的,她相信上帝一直保佑着她,并了解她的疾苦和贫困,她也知道上帝曾经答应帮助她们孤儿寡母,上帝绝不会食言,可她现在仍然感到万分的凄苦和无助。

几年前,她最大的儿子离开了家庭,到遥远的地方去寻找宝藏,从此便杳无音信,再没回来过。不久,上帝又派死神带走了她的伴侣和依靠——丈夫,但她从来都没有沮丧过。她艰辛地劳动,不仅供养着自己的孩子,还不时地帮助其他的穷人。

自私的人即使在寒冬中也不会受到考验,因为他的情感不会因此而痛苦,心灵也不会因别人而悲伤。只要在闹市之中,即便是最无助的人也还怀有希望,因为面对痛苦,仁爱还没有完全收回她同情的双手,关闭她无私的心灵,闭上她博爱的眼睛。

可是松树堡的这位寡妇,却丝毫感受不到人类的仁爱,上面所说的一切都不能安慰她。她如今只能无奈地弯下身,将最后的食物分给孩子们。这时,一股神奇的激情忽然鼓舞了她,她的脑海中浮现出考珀优美的诗句:

上帝不会通过简单的感觉便下判断,
我们应该坚信他是仁慈的;
在他眉头紧锁的严肃后面,

是一张仁爱和微笑的脸庞。

她刚把这最后的食物放在桌上，就听到一阵敲门声和狗叫声。全家的注意力都被吸引了过来，孩子们争先恐后地跑去开门。门口站着一位十分疲倦的旅人，他衣衫褴褛，但十分健康。旅人走进屋，请求留宿一夜，并想要一些吃的。他说："我一整天滴水未进了。"寡妇听了十分难过，现在她心里关心的不只是自己的事了。她毫不犹豫地把最后一点食物分了一份给旅人，并微笑着告诉孩子们："我们绝不会因为这小小的善举而被遗弃，也绝不会因此陷入更深的困苦之中。"

于是旅人来到盘子旁，当他发现盘中的食物少得可怜时，抬头惊奇地望着这一家人。"天啊，你们只有这一点食物吗？"他叫道，"而且还把它分给一个陌生人？你们真是太善良了。可是……"他继续问："你们慷慨地分给我最后一点食物，这些可怜的孩子不就要挨饿了吗？"

"是啊！"寡妇忽然泪流满面，"可我还有一个儿子，如果他还没有被上帝带走的话，现在不知在世界的哪个角落。我如此待你，也祈祷别人能如此待他。就是此刻，我的儿子可能也在四处流浪，和你一般疲惫饥饿，我只希望他能被一户人家所收留，即使这户人家和我们一样贫困。我又怎能背叛上帝，不真诚地收留你呢？"

寡妇刚说完话，旅人便激动地抱住了她。"上帝果真使你儿子被一个善良的家庭所收留，并且赐予了他财富，使他能感谢真诚收留他的人。我的妈妈，哦，亲爱的妈妈！"原来，旅人正是寡妇多年未见的大儿子，他刚从印度归来。为了给家人一个惊喜，他隐藏了自己的身份。

心灵寄语

每一位善良的人都是上帝派往人间照顾处于困境中的人的"母亲"，上帝为每一个行施善举的人都施了"护身符"，让幸福和快乐永远伴随他。

爱心赢得友情

惆怅隶属于善良；绝无惆怅感的人也许非常不凡，但毕竟非善良之辈。

——刘心武

有一个少年叫汤姆，在他10岁那年，很不幸因为输血而染上艾滋病。从前的伙伴们都开始疏远他、躲避他，只有大他2岁的杰瑞依然和以前一样，陪他玩耍。

一个偶然的机会，杰瑞在杂志上看到一则消息，说新奥尔良的费医生找到了能治疗艾滋病的植物，这让他兴奋不已。于是，在一个月朗星稀的夜晚，他带着汤姆，悄悄地踏上了去新奥尔良的路。

为了省钱，他们晚上就睡在随身带的帐篷里。汤姆咳嗽得越来越厉害，从家里带来的药也快吃完了。这天夜里，汤姆冻得直发抖，他用微弱的声音告诉杰瑞，他梦见两百亿年前的宇宙了，星星的光是那么暗，他一个人待在那里，找不到回来的路。杰瑞就把自己的鞋塞到汤姆的手上："以后睡觉，就抱着我的鞋，想想杰瑞的臭鞋还在自己手上，杰瑞肯定就在附近。"

他们身上的钱差不多用完了，可离新奥尔良的路还很远。汤姆的身体越来越弱，杰瑞不得不放弃计划，带着汤姆又回到了家乡。杰瑞依旧常常去病房看汤姆，他们有时还会玩装死游戏吓医院的护士。

一个秋天的下午，阳光照着汤姆瘦弱苍白的脸，杰瑞问他想不想再玩装死的游戏，汤姆点点头。然而这回，汤姆却没有在医生为他摸脉时忽然睁开眼笑起来——他真的死了。

那天，杰瑞陪着汤姆的妈妈回家，两人一路无语。直到分手的时候，杰瑞才抽泣着说："我很难过，没能为汤姆找到治病的药。"

汤姆的妈妈泪如泉涌，说道："不，杰瑞，你找到了。"她紧紧搂着杰瑞，"你给了他快乐，给了他友情，给了他一只鞋，他一直为有你这个朋友而满足。"

心灵寄语

爱心是人世间尤其宝贵的财富。爱心能赢得友情，爱心令人感到幸福快乐，爱心也是医治心灵伤痛的良药。在充满爱心的世界生活，犹如生活在天堂一般。

用一颗无私的心付出

灵魂最美的音乐是善良。

——罗曼·罗兰

有一个叫赵明的穷困学生，为了付学费，他挨家挨户地推销产品。

到了晚上，他感觉很饿，但摸摸口袋，发现只剩下了一角钱，想不出能买些什么东西吃。

于是，他下定决心，到下一家时，向对方要顿饭吃。

然而，当一个年轻漂亮的女孩打开房门时，他却完全失去了勇气！

他没敢张口讨饭，只要求喝一杯水。女孩看出来他十分饥饿，于是给他端出一大杯鲜奶来。他不慌不忙地将鲜奶喝下，然后问道："我应付你多少钱啊？"

女孩微笑着回答："你不欠我们一分钱！妈妈告诉我，做善事不求回报。"

于是，赵明说："那么，我只有由衷地谢谢你们了！"当他离开时，不但觉得自己不再饥饿了，而且感觉身体强壮了不少，信心也增强了许多——他本来是已经陷入绝境，准备放弃一切的！

数年之后，那个年轻女孩患重病，而且病情危急，当地医生都束手无策。

家人无奈，只好将她送到另一个大城市，以便请名医来诊断她罕见的病情。

碰巧，他们找到的正是赵明医生。

当赵医生听说眼前这个病人来自那个城市时，眼中露出了奇特的神情。

他立刻换上工作服，走进了那个女孩所在的病房。

他一眼就认出了那个女孩。

他立刻回到诊断室，下决心尽最大的努力来挽救她的生命。

从见到女孩的那一刻起,他就一丝不苟地观察她的病情。经过一段时间的不懈努力,他终于让女孩起死回生,最终战胜了病魔。

一天,医院划价室的人将女孩的账单送到赵医生手中,请他签字。赵医生看了一眼账单,在边上写了一行字,然后请人将单子转送到女孩手中。

女孩不敢打开单子,她觉得,单子上的费用可能是她一辈子都不能还清的。

最后,她还是打开了,账单边上的一行字引起了她的注意!

"一杯鲜奶足以付清全部的医药费!赵明医生。"

她眼中溢满感激的泪水,她激动地祈祷:"上帝啊!感谢您!感谢您的慈爱,借由众人的心和手,不断地在人间传播。"

心灵寄语

善良是不求回报的,当你做善事而心存回报的企图时,善良已然变味。然而,当你用一颗无私的心去付出时,你收获到的也将是累累硕果。

第十辑 宽则得从,能容人是大器

给人一个台阶下

如果他能原谅宽容别人冒犯,就证明他的心灵乃是超越了一切伤害的。

——培根

一次,楚庄王因为打了大胜仗,十分高兴,便在宫中设盛大晚宴,招待群臣。宫中热闹非凡,楚王也兴致高昂,叫出自己最宠爱的妃子许姬,轮流替群臣斟酒助兴。

忽然一阵大风吹进宫中,蜡烛被吹灭了,宫中立刻漆黑一片。黑暗中,有人拉住许姬的衣袖想要亲近她。许姬便顺手扯下那人的帽缨并赶快挣脱离开,然后许姬来到他身边告诉庄王说:"有人想趁黑暗调戏我,我已扯下了他的帽缨,请大王快吩咐点灯,看谁没有帽缨就把他抓起来处置。"

庄王说:"且慢!今天我请大家来喝酒,酒后失礼是常有的事,不宜怪罪。再说,众位将士为国效力,我怎么能为了你的贞洁而辱没我的将士呢?"说完,庄王不动声色地对众人喊道:"各位,今天寡人请大家喝酒,大家一定要尽兴,请大家都把帽缨扯掉,不扯掉帽缨不足以尽欢!"

于是群臣都扯掉自己的帽缨,庄王再命人重新点亮蜡烛,宫中一片欢笑,众人尽欢而散。

3年后,晋国侵犯楚国,楚庄王亲自带兵迎战。交战中,庄王发现自己军中有一员将官总是奋不顾身,冲杀在前,所向无敌。众将士也在他的影响和带动下,奋勇杀敌,斗志昂扬。这次交战,晋军大败,楚军大胜回朝。

战后,楚庄王把那位将官找来,问他:"寡人见你此次战斗奋勇异常,寡人平日好像并未对你有过什么特殊好处,你为什么如此冒死奋战呢?"

那将官跪在庄王面前,低着头回答说:"3年前,臣在大王宫中酒后失礼,本该处死,可是大王不仅没有追究、问罪,反而设法保全我的颜面，臣深受感动，对大王的恩德铭记在心。从那时起，我就时刻准备用自己的生命来报答大王的恩德。这次上战场，正是我立功报恩的机会，所以我才不惜生命，奋勇杀敌，就是战死疆场也在所不惜。大王，臣就是3年前那个被许姬扯掉帽缨的罪人啊！"

一番话使楚庄王和在场的将士大受感动，楚庄王走下台阶将那位将官扶起，将官已是泣不成声。

心灵寄语

不计一时之利，不争一时之气，是人生的智慧。给人一个台阶，让他顺势走下去，赢得的感激远远超过怒目而视和恶语相向。

水能载舟，亦能覆舟。楚庄王深谙用人之道，宽容属下的一点失节小错，换来臣将的赤胆忠心，孰轻孰重，利弊得失，已一目了然。

驱除报复的心理

宽恕胜于报复，因为，宽恕是温柔的象征，而报复是残暴的标志。
——爱比克泰德

一位画家在集市上卖画，不远处，前呼后拥地走来一位大臣的孩子。这位大臣在年轻时曾经对画家的父亲进行欺诈，至使他心碎地死去。

这孩子在画家的作品前面流连忘返，他深深地被画家的一幅画所吸引，久久不肯离去。大臣家人想为孩子买下这幅作品，画家却匆匆地用一块布把它遮盖住，并声称这幅画属于非卖品。

从此以后，这孩子因为再也无法见到这幅画而变得憔悴，最后，他父亲出面了，表示愿意为那幅画付一笔高价。可是，画家宁愿把这幅画挂在他画室的墙上，也不愿意出售。他总是阴沉着脸坐在画前，自言自语地说："这就是我的报复。"

每天早晨，画家都要画一幅他信奉的神像，这是他表现信仰的唯一方式。可是现在，他觉得这些神像与他以前的神像日渐相异。

画家为他的神像苦恼不已，他苦苦地寻找着原因。然而有一天，他

第十辑　宽则得众，能容人是大器

惊恐地丢掉手中的画笔，跳了起来：他刚画好的神像的眼睛，竟然是大臣的眼睛，而嘴唇也是那般酷似。

他把画撕碎，并且高喊："我的报复已经回报到我的头上来了！"

报复是腐蚀心灵的毒药，正所谓"冤冤相报何时了"，报复的人一旦开始投入报复的行动，自此就将远离愉快、宁静的生活。

一个匈牙利的骑士，被一个土耳其的高级军官俘获了。这个军官把他和牛套在一起犁田，而且用鞭子赶着他工作，他所受到的侮辱和痛苦是无法用文字形容的。因为那个土耳其军官所要求的赎金是出人意料的高，这位匈牙利骑士的妻子变卖了她所有的金银首饰，典当出去他们所有的堡寨和田产，他们的许多朋友也捐募了大批金钱，终于凑齐了。匈牙利骑士算是从羞辱和奴役中获得了解放，但他回到家时已经病得支持不住了。

没过多久，国王颁布了一道命令，征集大家去跟犹太教的敌人作战。这个匈牙利骑士一听到这道命令，再也安静不下来。他无法休息，片刻难安，他叫人把他扶到战马上，气血上涌，顿时就觉得有气力了。他在战场上俘虏了把那位曾把他套在轭下，羞辱他，使他痛苦万分的将军。那个土耳其军官被带到他的堡寨里，一个钟头后，那位匈牙利骑士问他："你想到过你会受到怎样的待遇吗？"

"我知道！"土耳其人说，"报复，但是我想知道怎样做才能得到你的饶恕。"

"一点也不错，你会得到一个犹太教徒的报复！"骑士说，"耶和华的教义告诉我们爱我们的同胞，宽恕我们的敌人。上帝本身就是爱！放心地回到你的家里，回到你的亲爱的人中间去吧。不过请你将来对受难的人温和一些，仁慈一些吧！"这个俘虏忽然大哭起来："我做梦也想不到能够得到这样的待遇，我以为，我一定会受到酷刑和痛苦的折磨。我已经服了毒药，过几个钟头毒性就会发作。我必死无疑，一点办法也没有！不过在我死以前，请再让我听一次这种充满了爱和慈悲的教义。它是这么的伟大和神圣！让我怀着这个信仰死去吧！让我作为一个犹太教徒死去吧！"他的这个要求得到了满足。

心灵寄语

任何人都不能保证一辈子不会受到冤枉或者侮辱。如果每个人都抱定"我要报复""我要让他加倍偿还"的心理,那么这个世界还有爱和幸福可言吗?其实,到头来,最有可能报复的还是自己。那又何必呢!

多一份体谅的心

在道德上宽容产生的震动比责罚产生的要强烈得多。

——苏霍姆林斯基

美国经济大萧条时期,18岁的姑娘安娜好不容易才找到一份在一家高级珠宝店当售货员的工作。在圣诞节的前一天,店里来了一位30岁左右的男顾客。他虽然穿着整齐干净,看上去很有修养,但很明显,他也是一个遭受失业打击的不幸的人。

此时,店里只有安娜一个人,其他几个职员刚刚出去。

安娜向他打招呼时,男子不自然地笑了一下,目光从安娜的脸上慌忙躲闪开,仿佛在说:你不用理我,我只是看看。

这时,电话铃响了。安娜去接电话,一不小心,将摆在柜台上的盘子弄翻了,盘子里装着的六枚精美绝伦的金戒指掉在了地上。姑娘慌忙去捡,可她捡回了五枚以后,却怎么也找不到第六枚戒指。当她抬起头时,看到那位男子正向门口走去,顿时,她明白了那第六枚戒指在哪里。

当男子的手将要触到门框时,安娜柔声叫道:"对不起,先生。"

那男子转过身来,两个人相视无言,足足有一分钟。

安娜的心在狂跳,他要是来粗的怎么办?他会不会……

"什么事?"他终于开口说道。

安娜极力压住恐惧,鼓足勇气,说道:"先生,这是我头回工作,现在找个事干真不容易,是不是?"

男子长久地审视着她,良久,一丝微笑在他脸上浮现出来。安娜终于也平静下来,她也微笑着看着他,两人就像老朋友见面那样亲切自然。

"是的,的确如此。"他回答,"但是我能肯定,你在这里会干得不错。"停了一下,他向她走去,并把手伸给她:"我可以为你祝福吗?"

紧紧地握完手后,他转身缓缓地走向门口。

安娜握着手心里的第六枚戒指,望着男子的背影,感激的泪水在眼里打转。

心灵寄语

安娜是个聪慧的姑娘,多一份体谅的心就能够融化人心中的坚冰。给人一点宽恕,它将给人面对人生的希望,去获取人生旅途中的下一个幸福。

不要让仇恨的种子在心中发芽

宽恕和受宽恕是难以言喻的快乐,是连神明都会为之羡慕的极大乐事。

——哈伯德

一家新开业的礼品店热闹了一阵后,慢慢地静了下来。年轻的姑娘黛丝刚把凌乱的柜台整理好,一位20多岁的男青年进了店。他瘦瘦的脸颊,戴副近视镜,他冷冰冰的目光在店中搜索,最后落在窗边那只柜台里。黛丝顺着男青年的目光看去,见他正盯着一只绿色玻璃龟出神。

她走过去轻声问道:"先生,你喜欢这只龟吗?我拿出来给你看。"

男青年似乎对看与不看并不在意,伸手把钱包掏出来,问道:"多少钱一只?"

"20元。"

"啪",男青年不假思索地把钞票拍在柜台上。

面对黛丝递过来的乌龟,男青年眯起眼睛慢慢地欣赏着,脸上的肌肉时不时地抽动一下,继而一丝笑容勉强地跳了出来。他自言自语道:"好,把它作为结婚礼物是再好不过了。"男青年人的脸兴奋得有点扭曲。

黛丝在一旁细心地观察着男青年,她对男青年自言自语的那句话感到极大的震惊。虽然她刚刚离开校门不久,但她知道那种东西若出现在婚礼上,无疑是投下一枚重磅炸弹。女孩表情平静地问道:"先生,结婚的礼物应当好好包装一下的。"说完弯腰到柜台下找着什么。"真不巧,包装盒用完了。"黛丝说道。

"那怎么行,明天一早我就要急用的。"

黛丝忙说:"不要紧,您先到别处转一下,20分钟以后再来,我包装好了等你,保证让你满意。"

20分钟以后,男青年如约取走了那盒包装得极精美的礼物,像战士奔赴战场一样,去参加他以前曾经深深爱过的一位姑娘的婚礼。

婚礼的第二天晚上,男青年终于等到了姑娘打来的电话,当他听到那久违而又熟悉的声音时,双腿一软竟坐在了地板上。

这一天他度日如年,是在悔恨和自责的心态中熬过的。他像一个等待法官宣判的罪人一样,等待着姑娘对他的怒斥。可他万万没想到,电话中传来的却是姑娘甜甜的道谢声:"我代表我的先生,感谢你参加我们的婚礼,尤其是你送来的那份礼物,更让我们爱不释手……"爱不释手?他简直不敢相信自己的耳朵,他不知通话是怎么结束的。

男青年度过了一个不眠之夜。清早,他来到礼品店,一眼就看见那只乌龟还安详地躺在柜台里,此时他似乎一切都明白了。

对男青年的突然出现,黛丝的确有些意外。望着他那红肿的眼睛,发现里面已不再是那绝望的冷酷。男青年嘴唇哆嗦了一下,似乎要说些什么。突然他走到黛丝面前深深地鞠了一躬,等他再抬头时,已是泪流满面。他哽咽地说道:"谢谢你,谢谢你阻止我滑向那可怕的深渊。"

黛丝见青年人已经明白了一切,从柜台里取出一个盒子,打开后交给了他,轻声说道:"这才是你送去的真正礼物。"原来那是一颗水晶玻璃心,两颗相交在一起的、什么力量也无法把它们分开的水晶玻璃心。此时,一缕晨光透过窗子照在水晶心上,折射出绚丽的七彩光来。

男青年惊叹道:"太美了,实在太美了。这么贵重的礼物,我付的钱一定是不够的。"

黛丝忙打断他说道:"论价值它们是有差别的,但它如果能了却你们以前的恩恩怨怨,化干戈为玉帛,那它也就物有所值了。至于两件礼物之间所差的那点钱,也不必想它,将来你还会遇到更好的姑娘,那时候你再到我的店里多买些礼物送给她,就算感谢我了。"

心灵寄语

生命的沃土既种植希望和快乐,也会播撒仇恨的种子。不要让仇恨的种子落在心中进而生根发芽,否则快乐的阳光将永远照射不进来。

征服愤怒

屈从于愤怒，常常就是用他人的罪过向自己复仇。

——斯威夫特

古时有一个妇人，特别喜欢为一些琐碎的小事生气。她也知道自己这样不好，便去求一位高僧为自己谈禅说道，开阔心胸。

高僧听了她的讲述，一言不发地把她领到一间禅房中，落锁而去。

妇人气得跳脚大骂。骂了许久，高僧也不理会。妇人又开始哀求，高僧仍置若罔闻。妇人终于沉默了。高僧来到门外，问她："你还生气吗？"

妇人说："我只是生自己的气，我怎么会到这地方来受这份罪。"

"连自己都不原谅的人怎么能心如止水？"高僧拂袖而去。

过了一会儿，高僧又问她："还生气吗？"

"不生气了。"妇人说。

"为什么？"

"气也没有办法呀。"

"你的气并未消逝，还压在心里，爆发时将会更加剧烈。"高僧又离开了。

高僧第三次来到门前，妇人告诉他："我不生气了，因为不值得气。"

"还知道值不值得，可见心中还在考量，还是有气根。"高僧笑道。

当高僧的身影迎着夕阳立在门外时，妇人问高僧："大师，什么是气？"

高僧将手中的茶水倾洒于地。妇人视之良久，顿悟，叩谢而去。

心灵寄语

赫拉斯说："愤怒是一时的疯癫，你不征服愤怒，愤怒就会征服你。"生气只是用别人的错误惩罚自己的蠢行，为何要让自己来承担过错的后果，为何要令自己的寿命缩短呢？

敞开胸怀去爱

让我们尽量相信，每一个有坏处的人都有他值得人同情和原谅的地方。一个人的过错，常常并不只是他一个人所造成的。

——罗兰

1944年冬天，苏军已经把德军赶出了国门，上百万的德国兵被俘虏。每天，都有一队队的德国战俘面容憔悴地从莫斯科大街上穿过。当德国兵从街道走过时，所有的马路都挤满了人。苏军士兵和警察警戒在战俘和围观者之间。围观者大都是妇女，她们当中的每一个人，都是战争的受害者，或者是父亲，或者是丈夫，或者是兄弟，或者是儿子让德国兵杀死了。她们每一个人，都和德国人有着一笔血债。

妇女们怀着满腔仇恨，当俘虏们出现时，她们把一双双勤劳的手攥成了拳头，士兵和警察竭尽全力阻挡着她们，生怕她们控制不住自己的冲动。

这时，最令人意想不到的事情发生了：一位上了年纪的犹太妇女，穿着一双战争年代的破旧的长筒靴。她走到一个警察身边，希望警察能让她走近俘虏。警察同意了这个老妇人的请求。

她到了俘虏身边，从怀里掏出一个用印花布方巾包裹的东西。里面是一块黑面包，她不好意思地把这块黑面包塞到一个疲惫不堪的、两条腿勉强支撑的俘虏的衣袋里。看着她身后那些充满仇恨的同胞们，她开口说道："当这些人手持武器出现在战场上时，他们是敌人。可当他们解除了武装出现在街道上时，他们是跟我们一样的人。"

于是，整个气氛改变了。妇女们从四面八方一齐拥向俘虏，把面包、香烟等各种东西塞给这些战俘。

心灵寄语

敞开胸怀去爱，爱你的亲人、爱你的友人、爱你的爱人，还要爱你的仇人。这似乎不容易，一旦你真心地释放出所有的不满与怨恨，会发现爱其实很简单。

容人之所长，方显大家风范

容许别人有行动和判断的自由，对不同于自己或传统观点的见解，要有耐心和公正的容忍。

——房龙

南宋时南阳人宗悫，是个很有才干的人，好武术，且重感情，讲义气，但乡里人并不理解他。其中有个叫庾业的人，家中很富有，常邀请乡人吃饭，而且饭菜都很好、很充足。一次，他请人吃饭，宗悫也在客人之列，但庾业专给他准备了粗茶淡饭，还对客人说："宗悫是个习武的人，他可以吃这些粗食。"这在一般人看来，可能近乎侮辱，但宗悫并不介意，吃饱后就离开了。后来宗悫做了豫州刺史，庾业却只是他手下的一个长史。如宗悫记着当年的羞辱，这该是报复的好机会，但宗悫却对庾业很好，一点不将过去的事放在心上。由于有这样的气度，宗悫以后又被提拔为振武将军。

能容人，是一种肚量；善于看到别人的优点，更是一种智慧。"伯乐相马"，是妇孺皆知的故事，他之所以能从很多马中挑出千里马，是因为他能忽略各种次要因素，而抓住主要因素。

伯乐年纪大了以后，秦穆公对他说："你的年纪大了，你的儿孙中可有代你去找千里马的吗？"伯乐回答："一般的好马，可以从它的形貌和筋骨上去观察，但真正的千里马，恍恍惚惚，从外表上难以看清。我的子孙是才能低下的人，可以识别一般的好马，但不能识别千里马。"他向秦穆公举荐了一个与他一同挑过柴的朋友，叫九方皋，希望秦穆公能用此人。

秦穆公召见了九方皋，派他去找千里马。三个月后，九方皋回来报告，说已经找到了千里马，就在沙丘那儿，是一匹黄色的母马。秦穆公派人把马牵来，却是一匹黑色的公马。秦穆公很生气，召见伯乐，说："你举荐的人连马的颜色和公母都分不清，怎么能识千里马呢？"伯乐长叹一声，说："他竟然达到这样的地步吗？这就是他胜我千万倍的关键啊！他观察到的，是马的内在素质，抓住了关键，而忽略了无关紧要的地方；看到内中，而忽略了外表。他只看他所要看的，不看他所不需要看的；只观察他所应观察的，不观察他所不需要观察的。像九方皋这样相马，才能相出马更重要的价值呀！"果然，九方皋所找到的正是天下最好的千里马。

心灵寄语

容人是比天地还宽广的心胸，更是一种无比豁达的肚量。容人之所长，方显大家风范，具备这等胸怀的人，还会为区区尘世纷争左右吗？

时刻保持豁达的心理

德高望重的人，即使受到无赖之徒的侮辱，既不悲哀，又无烦恼。

——萨迪

一次，苏格拉底蹚水过河，一不小心，跌入一个深坑里。他不会游泳，只好在水中一边拼命挣扎，一边大喊"救命"。

这时，一个人正在河边钓鱼，他听到呼喊声不仅没有伸出援助之手，反而收起钓鱼竿，起身就走。

后来，多亏苏格拉底的学生及时赶到，才救了他一命。

人们七手八脚地帮苏格拉底换掉湿衣服，异口同声地谴责那个见死不救的钓鱼人道德太坏。

过了不久，那个钓鱼人蹚水过河，一不小心，也跌入深坑里。这人同样不会游泳，只好一边拼命挣扎，一边大呼"救命"。

恰巧，苏格拉底和他的学生在河边散步，听到呼救声就飞跑了过去，用一根长长的竹竿把那人救了上来。

等看清救上来的人的面孔，苏格拉底的学生就后悔了，说："如果知道落水的是他，我们无论如何都不会救的！"

苏格拉底为落水人换掉湿衣服，平静地说："不，救他，正是我们和他的区别。"

心灵寄语

豁达的人往往在举手投足间显现出大将之风，有时候无须语言来修饰，平常的一件小事就足以影射出王者的心胸与风范。

第十一辑　诚信的力量

所作所为显示你的品格

我可以咬住舌头,缄口不言,但是,我却不能使我的良知沉默不语。
——泰戈尔

半个世纪前,在伦敦贫民区某公立学校里,贝蒂夫人所教的三年级学生举行算术考试。阅卷时,她发现有12个男孩子某一题错得完全一样。

贝蒂夫人叫这12个男孩子在放学后留下来。她不问任何问题,也不做任何责备,只在黑板上写下这样一句话:

在真相肯定永无人知的情况下,一个人的所作所为,能显示他的品格。

她让孩子们抄100遍。

多年后,其中的一个孩子回忆说:"我不知其他11个人有何感想,只知道自己,可以说:这是我一生中最重要的教训。老师把麦考莱的名言告诉我们已经是多年以前的事了,我至今仍认为那是我所见到的最好的准绳之一。不是因为它可以使我们衡量别人,而是因为它使我们可以衡量自己。"

心灵寄语

法律是约束自己和别人行为的准绳,道德是衡量我们自己品格的准绳。在真相永无人知的情况下,你的所作所为也许会获得一时的利益跟好处,然而,那真的就是利益跟好处吗?它带给你心理上的不安与灵魂的考问,难道不是一种长久的折磨吗?

遵守诺言,你会获得更多快乐

遵守诺言就像保卫你的荣誉一样。

——巴尔扎克

下面这个故事是一个老师的自述:

我有一个很要好的朋友,因为很小的时候就认识了,所以一直保持密切来往。他常常为我推荐一些书,或者为我做一些我要他做的事。他经常被呼来唤去的,但从来没有怨言。我在他面前很随便,他说我没心少肺,穿着大人的衣服,其实是个小孩。

去年他搬了家,新年的时候他邀我到他家看一看。我答应了,可新年那天轮到我在学校里值班,上午我给他打了一个电话,他听说我值班,就问我还能不能去,我说我下午过去。下午我要离开学校的时候,有一位同事来到学校,他见我要走,就说:"你和我打一会儿乒乓球吧!"我说我还有事,他说就玩一会儿,经他一说,就和他玩起了乒乓球。这一玩便把时间给忘了,等我从学校里出来,天都快黑了,我只好回家了。

后来,总想找个机会跟这个朋友解释一下,可不知怎么搞的,一拖就很长时间。时间越长就越不想再提这件事了,心想,反正也不是外人,何必那么多礼节呢?后来竟渐渐地忘了。

再次想起朋友的时候,是有事要求他。电话里他对我很冷淡,我问他怎么了,他说:"问你自己。"我试探着提起新年里的那件事,他说:"你已经不可救药了,有那样轻率待人的吗?"他很生气,说那一天他和妻子推掉了所有的安排,只是为了我的到来,从早晨到晚上竖着耳朵听每一阵上楼的声音,可最终我没有来,之后连一个电话都没有。他说得我脸上一阵阵发热,我解释说我从来没有把他当过外人,因为我以为我们的距离很近,就在这件事上随便了。他说我是一个言而无信的人。

为了让我知道"诺言"这个很平常的词汇,他决定不再理我。

因为失去了这个朋友,我记住了什么是诺言。

一个人的诚实与信誉是他获得良好人际关系和走向成功的基础,而

能否兑现他许下的诺言是一个人是否讲信用的主要标志。许诺是非常严肃的事情,对不应办的事情或办不到的事情千万不能轻率应允。一旦许诺,就要千方百计地去兑现;否则,就像老子所说:"轻诺必寡信,多易必多难。"

心灵寄语

有时候能做到信守诺言会有点难度,可能会因此错过一些事情,但却生活得坦然。快乐是发自内心的坦荡,遵守诺言吧,你会因此获得更多快乐!

心里有个诚实的底线

诚实是一个人得以保持的最高尚的东西。

——乔叟

有个樵夫在河边砍柴,不小心把斧子掉到河里,被河水冲走了。他坐在河岸上失声痛哭。赫耳墨斯很同情他,走来问明原因后,便下到河里,捞起一把金斧子来,问樵夫是否是他的,樵夫说不是;接着,赫耳墨斯又捞起一把银斧子来,问樵夫是不是他掉下去的,樵夫仍说不是;赫耳墨斯第三次下去,捞起樵夫自己的斧子来,樵夫连连地说这才是自己丢掉的那一把。赫耳墨斯很赞赏樵夫的为人,便把金斧、银斧都作为礼物送给了他。

樵夫带着三把斧子回到家里,把事情的经过详细地告诉了朋友们。其中有一个人十分眼红,决定也去碰碰运气。于是他跑到河边,故意把自己的斧子丢到急流中,然后坐在那儿痛哭起来。赫耳墨斯来到他面前,问明了他痛哭的原因,便下河捞起一把金斧子来,问是不是他所丢失的。那人高兴地说:"呀,正是,正是!"然而他那贪婪和不诚实的样子却遭到了赫耳墨斯的痛恨。赫耳墨斯不但没赏给他那把金斧子,就连他自己的那把斧子也没给他。

心灵寄语

每个人的心里都应有个诚实的底线,对自己内心的诚实是最难得、最值得尊敬的。很多时候人们诚实地对待某些事情时并不期许能得到什么,但往往回报会在不经意的时候到来。

拥有诚实的光环

说真话是一种义务,而且这对他们也是更有利的。

——德谟克利特

武子从武警部队复员回乡后,在一位老同学的帮助下,进了一个乡镇派出所。一身过硬的擒拿格斗本领,再加上喜好舞文弄墨,武子很快就由一名合同制警察转为正式干警。

2000年5月,武子在一个几年前便到深圳"捞世界"的"红粉知己"的再三怂恿下,抛妻弃子,千里迢迢跑到深圳,雄心勃勃地要在这个每天都在创造经济神话的地方实现他逐梦人生的宏愿。可遗憾的是,深圳并不像武子原先所想的那么容易立足。"红粉知己"带着他一连在人才市场上闯荡了十多天,虽然每天都有相关的职位在招聘,可年龄要求都在30岁以下。就在武子万分沮丧的时候,"红颜知己"向武子献了一计:要他将退伍证上的年龄改一改,再到市场上弄一个假身份证。

武子想了想,也唯有如此了,于是买了刮刀和橡皮擦,将自己的出生年月整整改小了4岁。为使改动的地方不留痕迹,他还特意用灰尘将证件弄得斑斑点点。说来也巧,就在武子改动日期之后不久的一天,一家集团公司便打出广告,高薪招聘保卫科长,年纪要求在25至35岁之间,退伍军人优先,如果是受过专门训练的武警退伍军人,则可完全免去笔试,直接进入面试。武子暗自庆幸天无绝人之路,好像这个招聘的职位是专为他而设的。武子在报名之后的第三天,便得到了该公司老板的召见。老总对武子的才能和武功赞许不已。可就在公司的验证系统对武子的身份证和退伍证进行最后的验证时,电脑扫描系统显示:证件曾被涂改,年龄数有较大出入。

武子一看验证结果,完全傻了眼。看着老总满脸狐疑,他只好硬着头皮将前因后果,向老总做了详细的解释。老总听了武子的解释后,沉默了大半天,最后遗憾地叹息道:"先生是这次招聘的最佳人选,可我们不喜欢弄虚作假、不诚实的人,还是请先生另谋高就吧。"

如今,武子每每与朋友谈到此次深圳之行无功而归时,总会不无感慨地说:"诚实就是本钱啊!"

心灵寄语

无论走到哪里,诚实的人身上总有一层"光环",使人尊敬

保持你的正直不要被邪恶吞噬

谎言传播的速度要比真理快得多,真理还未起跑,谎言已传遍世界。

——卡拉汉

在 16 世纪的罗马,有一位深受人们爱戴和尊敬的牧师,他就是圣菲利普。由于他的睿智和通情达理,不论什么身份、何种地位,不论穷人富人、贵族、平民都追随他。

有一次,一位年轻的女孩来到圣菲利普面前倾诉自己的苦恼。圣菲利普明白了女孩的缺点,其实她心地倒不坏,只是她常常说三道四,喜欢说些无聊的闲话,这些闲话传出去后就会给别人造成许多伤害。

圣菲利普说:"你不应该谈论他人的缺点,我知道你也为此苦恼,现在我命令你要为此赎罪。你到市场上买一只母鸡,走出城镇后,沿路拔下鸡毛并四处散布。你要一刻不停地拔,直到拔完为止。你做完之后就回到这里告诉我。"

女孩觉得这是非常奇怪的赎罪方式,但为了消除自己的烦恼,她没有任何异议。她买了鸡,走出城镇,并遵照吩咐拔下鸡毛。然后她回去找圣菲利普,告诉他,她已按照他说的做了一切。

圣菲利普说:"你已完成了赎罪的第一步,现在要进行第二步。你必须回到你刚走过的路上,捡起所有的鸡毛。"

女孩为难地说:"这怎么可能呢?现在,风已经把它们吹得到处都是了。也许我可以捡回一些,但是我不可能捡回所有的鸡毛。"

"没错,我的孩子。那些你脱口而出的愚蠢话语不也是如此吗?你不也常常从口中吐出一些愚蠢的谣言吗?然后它们不也是散落路途,口耳相传到各处吗?你有可能跟在它们后面,在你想收回的时候就收回吗?"

女孩说:"不能,神父。"

"那么,当你想说些别人的闲话时,请闭上你的嘴,不要让这些邪恶的羽毛散落路旁。"

心灵寄语

不要低估邪恶的能耐,如果你不加考虑,它会轻易地将邪恶散播得更远。注意!保持你的正直不要再成为邪恶链条上的一环。

经营自己的名声

信用是难得易失的。费十年工夫积累的信用,往往由于一时一事的言行而失掉。

——池田大作

有一对夫妻,下岗后开了家烧酒店,自己烧酒自己卖,以此来谋生。丈夫是个老实人,为人真诚、热情,烧制的酒也好,人称"小茅台"。有道是"酒香不怕巷子深",一传十,十传百,酒店生意兴隆,常常是供不应求。

看到生意这样好,夫妻俩便决定把挣来的钱投进去,再添置一台烧酒设备,扩大生产规模,增加酒的产量。这样,一可满足顾客需求;二可增加收入,早日致富。

这天,丈夫外出购买设备,临行之前,把酒店的事都交给了妻子，叮嘱妻子一定要善待每一位顾客，诚实经营，不要与顾客发生争吵。

一个月以后，丈夫外出归来。妻子一见丈夫，便按捺不住内心的激动，神秘兮兮地说："这几天，我可知道了做生意的秘诀，像你那样永远发不了财。"丈夫一脸愕然，不解地说："做生意靠的是信誉，咱家烧的酒好，卖的量足，价钱合理，所以大伙才愿意买咱家的酒，除此还能有什么秘诀？"

妻子听后，用手指着丈夫的头，得意地说："你这榆木脑袋，现在谁还像你这样做生意？这几天我赚的钱比过去一个月挣的还多，秘诀就是，我往酒里兑了水。"

丈夫一听，肺都要气炸了。他没想到，妻子竟然往酒里兑水，他打了妻子一记耳光。他知道妻子的这种坑害顾客的行为，将他们苦心经营的酒店的牌子砸了，他知道这将意味着什么。

从那以后，尽管丈夫想了许多办法，想竭力挽回妻子给酒店信誉所带来的损害，可"酒里兑水"这件事还是被顾客发现了，酒店的生意日渐冷清，后来就不得不关门停业了。

心灵寄语

没有一个好名声，金子也会失去价值；身份也不会使人高贵；地位也没有什么尊严；美丽也不会有什么魅力；高龄也不会赢得人们的尊敬。经营自己的名声，就是在经营自己人生的未来。

有一种爱叫兑现承诺

善良的东西、美好的东西，能达到一种极致。在一定的时候，在一定的环境，可以达到一种极致。

——孙犁

矿工在工地干活时，发生了意外，被上面施工的石灰板砸中头部，当场死亡。因是临时工，所以包工头只给了一笔少得可怜的抚恤金，就不再过问矿工妻儿的生活。

悲痛的妻子在丧夫之痛后感受到的是来自生活上的压力。她无一技之长，只好收拾行装准备回到那个闭塞的小山村去。这时矿工的队长找到了她，告诉她说矿工们都不爱吃矿上食堂做的早饭，建议她在矿上支个摊儿，卖些早点，一定可以维持生计。矿工妻子想了想，便点头答应了。

于是一辆平板车往矿上一支，早点摊儿就开张了。8毛钱一碗的豆腐脑热气腾腾，开张第一天就一下来了12个人。随着时间的推移，吃豆腐脑的人越来越多。最多时可达二三十人，最少时从未少过12个人，而且风霜雨雪从不间断。

时间一长，许多矿工的妻子都发现自己的丈夫养成了一个雷打不动的习惯：每天下井之前必须吃上一碗豆腐脑。妻子们百般猜疑，甚至采用跟踪、质问等种种方法来探求究竟，结果均一无所获。甚至有的妻子故意做好早饭给丈夫吃，却又发现丈夫仍然去早点摊吃上一碗豆腐脑。妻子们百思不得其解。

直至有一天，队长刨煤时被哑炮炸成重伤。弥留之际，他对妻子说："我死之后，你一定要接替我每天去吃一碗豆腐脑。这是我们队12个兄弟的约定。自己的兄弟死了，他的老婆孩子，咱们不帮谁帮？"

从此以后每天的早晨，在众多吃豆腐脑的人群中，又多了一位女人的身影。来去匆匆，人流不断，唯一不变的是不多不少的12个人。

时光飞逝，当年矿工的儿子已长大成人，而他饱经苦难的母亲两鬓斑白，却依然用真诚的微笑面对每一个前来吃豆腐脑的人。那是发自内心的真诚与善良。

更重要的是，前来光临早点摊的人，尽管年轻的代替了年老的，女人代替了男人，但从未少过12个人。

心灵寄语

有一种爱叫作沉默，有一种承诺可以抵达永远。12颗爱心，不仅承载着一个秘密，更托起了一种希望。

别丢掉你的信誉

信用既是无形的力量，也是无形的财富。

——松下幸之助

1835年，摩根成为一家名叫"伊特纳火灾"的小保险公司的股东，因为这家公司不用马上拿出现金，只需在股东名册上签上名字就可成为股东。这符合摩根没有现金却能获益的设想。

就在摩根成为股东不久，有一家在伊特纳火灾公司投保的客户发生了火灾。按照规定，如果完全付清赔偿金，保险公司就会破产。股东们一个个惊慌失措，纷纷要求退股。

摩根斟酌再三，认为自己的信誉比金钱更重要。他四处筹款并卖掉了自己的住房，低价收购了所有要求退股的股东们的股票。然后，他将赔偿金如数付给了投保的客户。

这件事过后，伊特纳火灾保险公司有了信誉的保证。

已经身无分文的摩根成为保险公司的所有者，但保险公司已经濒临破产。无奈之中他打出广告，凡是再到伊特纳火灾保险公司投保的客户，保险金一律加倍收取。

不料，客户很快蜂拥而至。原来，在很多人的心目中，伊特纳公司是最讲信誉的保险公司，这一点使它比许多有名的大保险公司更受欢迎。伊特纳火灾保险公司从此崛起。

过了许多年之后，摩根的公司已成为华尔街的主宰，而当年的摩根正是美国亿万富翁摩根家族的创始人。其实成就摩根家族的并不仅仅是一场火灾，而是比金钱更有价值的信誉。

心灵寄语

"美满的名声如果不加修整，就不能经久。"信誉是笔无形的资产，在你需要的时候它会成倍地回馈给你。

第十二辑　时刻保持谦虚

永远保持谦虚

自尊心是一个人灵魂中的杠杆。

——别林斯基

有一次，英国著名戏剧家萧伯纳访问苏联时，遇到一位十分可爱的小女孩。萧伯纳很喜欢这个小女孩，竟同她在一起玩了许久。临别时，萧伯纳对小女孩说："回去别忘了告诉你爸爸妈妈，就说今天你同世界名人萧伯纳先生在一起玩！"说完，萧伯纳以为小女孩一定会为自己能与一位世界名人在一起玩而惊喜万分。

"您真是萧伯纳伯伯吗？"

"怎么了，难道我不像？"

"可是，我想不到您竟然会这么骄傲。您回去后，也请转告您的爸爸妈妈，就说今天和你一起玩的是一位苏联小女孩。"

小女孩的话，让萧伯纳不觉为之一震。他马上意识到刚才自己太自以为是了，一时不知该说什么好。

"一个人，无论取得怎样巨大的成就，都没有理由自夸。对任何人都应平等相待，永远保持谦虚。"事后，萧伯纳感慨地说，"这就是那位苏联小女孩给我的教育。她，也是我的老师，我一生都不会忘记她！"

心灵寄语

"渺小"这个词永远不会用在自尊的人身上，反之，越懂得珍惜它的人，就越显得高贵而优雅，这是最令人难以抗拒的魅力。

千万不要自作聪明

世界上最愚蠢的人就是自作聪明的人，因为他不仅现在不聪明，还失去了以后聪明的机会。

——佚名

有一只猴子，一天，它钻进山上守林人的木屋里，偷了一点儿点心之类的干粮，临出门还顺手摘下挂在床头的一管箫。

群猴分享了干粮，坐在火堆边把食物三口两口就吃光了，又把那管箫拿出来反复研究，轮番把玩……

谁也不知道这玩意儿是什么东西。

一只小猴子拿过来闻了闻，没有闻出什么增加食欲的香味，皱着眉头，摇了摇头；一只大猴子拿过来对着箫管瞄了瞄，没有看出什么隐藏机关的秘密，也跟着摇了摇头；一只老猴子接过来，使劲对着箫管咬了一口，可是这家伙硬邦邦的，一点也咬不动……

老猴子发话了："我知道了，人类有一个不良的习惯，那就是喜欢拿一些没有用的东西来当摆设，附庸风雅。可以肯定，这东西无疑是人们用来摆设的废物。"

老猴子一锤定音。既然是废物，群猴们除了嘲笑那只偷箫的猴子之外，一致同意将它扔掉。

可是那只偷箫的猴子不服气。它拿过箫，朝着火堆拨弄了几下，立即高兴地跳了起来："怎么能说没有用处呢？可以当拨火棍啊！"

经过猴子拨弄的火堆又燃起了旺盛的火苗。

这时，旁边一只大猴子接过箫，看了看说："你也笨到家了，这东西中间是空的，还可以做吹火筒呢！"说罢它鼓起腮帮子连吹了几下，箫管发出了莫名其妙的声响，而这一吹，火堆里的火苗真的又旺盛了一些。

于是，众猴子接过箫，当作吹火筒，轮番吹了起来。大家兴高采烈，轮番把玩，其乐融融。

老猴子最后把箫接过来，下了结论："我们猴子真是聪明绝顶，人类拿来当摆设的东西，我们竟然能想到拿来当拨火棍和吹火筒，真是不简单！听说人类有个进化论，说人类是从猴子进化来的。错！应该说，猴子是从人类进化来的。不然，我们怎么会比人类聪明呢？"

心灵寄语

故事中这群猴子自作聪明，把箫当作拨火棍和吹火筒。我们生活中也不乏这样不懂装懂的人。其实，遇到自己不熟悉、不明白的事情很正常。因为每个人的知识和能力都是有限的，都有自己的缺点和弱项，遇见自己不明白的事情不要紧,但千万不要不懂装懂,自作聪明,总以为自己是天才,别人是庸人,这样的人不但会把事情办砸,还要落一个没有自知之明的笑柄。

不能过于张扬自己的个性

谦卑往往只不过是一种表面上的依顺,是骄傲的一种艺术;它贬低自己正是为了抬高自己。

——拉罗什富科

《三国演义》中有一段"曹操煮酒论英雄"的故事。当时刘备落难投靠曹操,曹操接待了刘备。刘备住在许都,为防曹操谋害,就在后园种菜,亲自浇灌,以此迷惑曹操,放松对自己的监视。

一日,曹操约刘备入府饮酒,谈论起谁为当世英雄。刘备点遍袁术、袁绍、刘表、孙策、刘璋、张绣、张鲁、韩遂,均被曹操一一贬低。曹操指出英雄的标准:"胸怀大志,腹有良谋,有包藏宇宙之机,吞吐天地之志。"刘备问:"谁人当之?"曹操点破自己与刘备是英雄后,刘备吓得把筷子也丢落在地上。恰好当时大雨将至,雷声大作,刘备从容俯拾筷子,并说:"一震之威,乃至于此。"巧妙地将自己的惊惶掩饰过去,从而也避免了一场劫数。他在煮酒论英雄的对答中是非常聪明的。

刘备藏而不露,人前不夸张、不炫耀、不吹牛、装聋作哑,不把自己算进"英雄"之列,这是让人放心的方法。他的种菜,他的数英雄,至少在表面上收敛了自己。一个人活在世上,个性是不能过于张扬的。

心灵寄语

真龙潜于深水,藏而不露的人往往能够成就真英雄。在群雄并起的争霸年代,低调、不张扬是智慧的生存方法,是为将来积蓄力量做准备。谦虚的要义就是,懂得何时该低调,何时该张扬。低调时只是在储存能够张扬的资本。

学识才华无须用语言来吹捧

炫耀自己的知识就等于看不到光明。

——富兰克林

在一次大学学术论坛后的晚餐中,一位年轻化学博士研究生的论文提纲得到教授的认同,他表现得甚为得意忘形,大发议论。

只见他说这说那,口中一大堆方程式,似乎颇有见地。他更以悲天悯人的神态,去批评科学的误用,为人类前途带来潜在的危机问题,等等。

坐在这位小伙子对面的,是一位白发苍苍的老翁。小伙子每说一句话,他都会细心聆听,不时点头以示附和。

小伙子终于发现这位知心客,视线逐渐转移到他身上。他向老翁详细解释很多化学现象,他怕老翁不明白,更不厌其烦地举出例子做解说。

最后,小伙子询问老翁年轻时修读哪一科目,老翁答道化学。小伙子有一点愕然,再问他毕业后干哪一行。老翁说:"我毕业后留在学术界发展,就在这所大学里,直至五年前退休之前,我所担任的是化学系主任。"

老翁一个字一个字地把自己的背景吐出来,小伙子渐感尴尬,他刚才在老前辈面前班门弄斧,难得老前辈耐心倾听,没有点破。

心灵寄语

真正有学识的人,愈加谨言慎行。正所谓"腹有诗书气自华",学识才华无须用语言来吹捧,它存在于人的头脑中、心灵里,文化的积淀在体内透过人的精神折射并体现出来。

做人切勿骄傲自大

一切重大错误的底下,通常必有骄傲。

——罗斯金

三国时期,吴主孙权任命大将吕蒙接替鲁肃大都督(三军主帅)的职位,率军驻扎在陆口(在今湖北嘉鱼西南)。为确保江东的安全,吕蒙向孙权上书,要求主动出击,攻打镇守荆州的关羽。此前,孙权曾经派人去向关羽求亲,希望关羽把女儿嫁给他的小儿子,以联姻换取联盟。关羽不但不答应,还把使者辱骂了一顿,孙权于是觉得关羽狂妄自大。这次,孙权接到吕蒙的信,考虑到江东的利益,更觉得非把关羽除掉不可。正好在这个时候,曹操派使者来联络,要联合东吴夹攻关羽。孙权马上复信,表示愿意袭击关羽的后方。

吕蒙知道关羽最大的弱点是骄傲自大,就决定攻他这个软肋。于是本来就经常有病的他就装作旧病复发,让孙权正式发布命令,把吕蒙调回去休养,另派了陆逊去接替吕蒙。

关羽听到吕蒙病重,又听说新上任的陆逊是个年轻书生,根本没把他当一回事儿。陆逊刚到陆口就派人拜见关羽,献上书信和礼品。信中说:听说将军在樊城水淹七军,远远近近哪个不称赞将军的神威。我是个书生,没有什么本事,很不称职,今后还得靠将军多多照顾。

关羽看了陆逊的书信,觉得陆逊态度谦虚、老实,没什么本事。他本来就不把吕蒙放在心上,这次更是打心眼儿里看不起陆逊。于是关羽就放松了警戒,把原来防备东吴的人马陆陆续续调到樊城去了。

而此时的江东,孙权正悄悄派吕蒙为大都督,命令他迅速袭击关羽的后方……

吕蒙到了浔阳(今江西九江西南),把所有的战船都改装成商船,选了一批精锐的兵士躲在船舱里。船上摇橹的兵士则扮作商人,一律穿上商人穿的白色衣服,"商船"向北岸进发了。到了北岸,蜀军守防的兵士一看都是穿白衣的商人,就允许他们把船停在江边。当天夜里,船舱里潜伏的士兵偷偷摸进江边岗楼，吕蒙大军就这样神不知鬼不觉地占领了北岸。

这时候，曹操派去的援军也发起进攻，使关羽腹背受敌。关羽得知江陵失守，才醒悟对东吴的防备太大意，追悔莫及。他无心恋战，只好带了人马逃到麦城（今湖北当阳市两河乡）。孙权紧追不舍，进军麦城，关羽又带着十几个骑兵往西逃走。孙权早已派兵埋伏在小道上，把关羽十几个骑兵截住，活捉了关羽。关羽不肯投降，一世英雄，就此命丧麦城。

心灵寄语

骄傲自大，迟早要吞下失败的苦果，轻敌的关羽就是典型的例子。一个人可以知识不多，可以不拘小节，但假若有一点骄傲自满的倾向，那么就注定他永远也不会取得成功和进步。

输在自己的优势上

骄傲是自己对自身在某个特殊方面有卓越价值的确信。

——叔本华

三个旅行者早上出门时，一个旅行者带了一把伞，另一个旅行者拿了一根拐杖，第三个旅行者什么都没有拿。

晚上归来，拿伞的旅行者浑身湿透，拿拐杖的旅行者跌得满身是伤，而第三个旅行者却安然无恙。于是，前两个旅行者很纳闷，问第三个旅行者："你怎么会没事呢？"

第三个旅行者没有回答，而是问拿伞的旅行者："你为什么会淋湿而没有摔伤呢？"

拿伞的旅行者说："当大雨来的时候，我因为有了伞，就大胆地在雨中走，却不知怎么淋湿了。当我走在泥泞坎坷的路上时，我因为没有拐杖，所以走得非常仔细，专拣平稳的地方走，所以没有摔伤。"

然后，第三个旅行者又问拿拐杖的旅行者："你为什么没有淋湿而摔伤了呢?"

拿拐杖的说:"当大雨来的时候,我因为没有带雨伞,便拣能躲雨的地方走,所以没有淋湿。当我走在泥泞坎坷的路上时,我便用拐杖拄着走,却不知为什么常常跌跤。"

第三个旅行者听后笑笑说:"这就是为什么你们拿伞的淋湿了,拿拐杖的跌伤了,而我却安然无恙的原因。当大雨来时我躲着走,当路不好时我细心地走,所以我没有淋湿也没有跌伤。你们的失误就在于你们有凭借的优势,认为有了优势便少了忧患。"

心灵寄语

我们总是盯着自己的缺点和不足不放,时时害怕自己会暴露缺点,然而,更多时候我们不是败在缺点或者短处上,而是败在,自己的优势上。许多时候,优势也会成为我们前进路上的绊脚石。

时刻记住该低头时就低头

我们不要把眼睛生在头顶上,致使用自己的脚踏坏了我们想得之于天上的东西。

——冯雪峰

富兰克林被称为"美国之父"。他年轻时曾去拜访一位德高望重的老前辈。那时他年轻气盛,昂首挺胸迈着大步,一进门,他的头就狠狠地撞在门框上,疼得他一边不住地用手揉搓,一边看着比他的身子矮一大截的门。出来迎接他的前辈看到他这副样子,笑说:"很痛吧!可是,这将是你今天访问我的最大收获。一个人要想平安无事地活在世上,就必须时刻记住'该低头时就低头'。这也是我要教你的事情。"

富兰克林把这次拜访得到的教导看成是一生最大的收获,并把它列为一生的生活准则之一。富兰克林从这一准则中受益终生,后来,他功勋卓越,成为一代伟人。他在一次谈话中说:"这一启发帮了我的大忙。"

明白低头的道理,才懂得抬头做人的真正含义。低头不是屈就,不是认输。低头是隐去自己趾高气扬的光环，踏踏实实地做人。

心灵寄语

不只是工作，我们在生活中也需要这样能够埋头做好自己事情的态度。生命的交响曲不光有波澜壮阔的乐章，更多的时候，需要的是平稳安宁的序曲和前奏。这就像我们的生活，只有演奏好序曲和开篇的铺垫，才能迎来酣畅淋漓的高潮乐章。

第十三辑　分享是一种幸福

与人分享

生活中最大的享受、最大的乐趣就在于觉得自己是为人们所需要的，是使人们感到亲切的。

——高尔基

一个精明的荷兰花草商人，千里迢迢从遥远的非洲引进了一种名贵的花卉，培育在自己的花圃里，准备到时候卖个好价钱。对这种名贵花卉，商人呵护备至，许多亲朋好友向他索要，一向慷慨大方的他却连一粒种子也不给。他计划培育三年，等拥有上万株后再开始出售和馈赠。

第一年春天，他的花开了，花圃里万紫千红，那种名贵的花特别漂亮，就像一缕缕明媚的阳光。第二年春天，他的这种名贵的花已经有五六千株了，但他和朋友们发现，今年的花没有去年开得好，花朵变小不说，还有一点点的杂色。到了第三年春天，他的名贵的花已经培植出了上万株，令这位商人沮丧的是，那些名贵的花的花朵已经变得更小，花色也差得多了，完全没有了它在非洲时的那种雍容和高贵。当然，他也没能靠这些花赚一大笔钱。

难道这些花退化了吗？可非洲人年年种养这种花，大面积、年复一年地种植，并没有见过这种花会退化呀！商人百思不得其解，他便去请教一位植物学家。植物学家拄着拐杖来到他的花圃看了看，问他："你这花圃隔壁是什么？"

他说："隔壁是别人的花圃。"

植物学家又问他："他们种植的也是这种花吗？"

他摇摇头说："这种花在全荷兰，甚至整个欧洲也只有我一个人有，他们的花圃里都是些郁金香、玫瑰、金盏菊之类的普通花卉。"

植物学家沉思了半天说："我知道你这名贵之花不再名贵的秘密了。尽管你的花圃里种满了这种名贵之花，但和你的花圃毗邻的花圃却种植着其他花卉，你的这种名贵之花被风传授了花粉后，又染上了毗邻花圃里其他品种的花粉，所以你的名贵之花一年不如一年，越来越不雍容华贵了。"

商人问植物学家该怎么办,植物学家说:"谁能阻挡住风传授花粉呢?要想使你的名贵之花不失本色,只有一种办法,那就是让你邻居的花圃里也都种上你的这种花。"于是商人把自己的花种分给了自己的邻居。次年春天花开的时候,商人和邻居的花圃几乎成了这种名贵之花的海洋——花朵又肥又大,花色典雅,朵朵流光溢彩、雍容华贵。这些花一上市,便被抢购一空,商人和他的邻居都发了大财。

近朱者赤,近墨者黑。高贵也是这样,没有一种高贵可以遗世独立。要想保持自己的高贵,就必须拥有高贵的"邻居";要想拥有一片高贵的花的海洋,就必须与人分享美丽,同大家共同培植美丽。只有这样,我们才能保持自身的纯洁和华贵。

心灵无私,这是我们保持自身高贵的唯一秘密。其实,生活的真谛并不神秘,幸福的源泉大家也知道,只是常常忘记罢了。

心灵寄语

我们每个人心中都有一座美丽的大花园,如果我们愿意让别人在此种植快乐,同时也让这份快乐滋润自己,那么我们心灵的花园就永远不会荒芜。

满足藏在付出的怀抱里

人生的真正意义是在于奉献,而不是在于索取。

——张海迪

一个男子坐在一堆金子上,伸出双手,向每一个过路人乞讨着什么。吕洞宾走了过来,男子向他伸出双手。

"孩子,你已经拥有了这么多的金子,难道你还要乞求什么吗?"吕洞宾问。

"唉!虽然我拥有如此多的金子,但是我仍然不满足,我还要乞求爱情、荣誉和成功。"男子说。

吕洞宾从口袋里掏出他需要的爱情、荣誉和成功,送给了他。

一个月后,吕洞宾又从这里经过,那男子仍然坐在一堆黄金上,向

路人伸着双手。

"孩子,你所求的都已经有了,难道你还不满足吗?"

"唉!虽然我得到了那么多东西,但是我还是不满足,我还需要更多的刺激。"男子说。吕洞宾把他想要的刺激也给了他。

一个月后,吕洞宾又见那男子坐在一堆金子上,向路人伸着双手——尽管有爱情、荣誉、成功、快乐和刺激陪伴着他。

"孩子,你已经拥有了你想要的,难道你还乞求什么吗?"

"唉!尽管我已拥有了比别人多得多的东西,但是我仍然不能感到满足,老人家,请你把'满足'赐给我吧!"男子说。

吕洞宾笑道:"你需要满足么?那么,请你从现在开始学着付出吧!"

吕洞宾一个月后又从此地经过,只见这男子站在路边,他身边的金子已经所剩不多了,他正把它们施舍给路人。他把金子给了衣食无着的穷人,把爱给了真正需要爱的人,把荣誉和成功给了失败者,把快乐给了忧愁的人,把刺激给了麻木冷漠的人。现在,他一无所有了。

看着人们接过他施舍的东西,满含感激而去,男子笑了。

"孩子,现在,你满足了吗?"吕洞宾问。

"拥有了!拥有了!"男子笑着说,"原来,满足藏在付出的怀抱里啊。当我一味乞求时,得到了这个,又想得到那个,永远不知什么叫满足。当我付出时,我为我自己人格的完美而自豪、满足;为我对别人有所帮助而感到由衷的高兴;为人们向我投来的感激的目光而快乐。"

心灵寄语

我们应该怀着这样无私奉献的心来对待生活、对待身边的人。多想想拥有什么,付出什么,少想想还要得到什么,这样才会觉得上帝是公平的,生活是幸福快乐的。

分享与奉献时刻都在身边

生命的意义在于付出,在于给予,而不在于接受,也不在于索取。

——巴金

一个男孩与他的妹妹相依为命。父母早逝，她是他唯一的亲人，所以男孩爱妹妹胜过爱自己。然而灾难再一次降临在这两个不幸的孩子身上。妹妹染上重病，需要输血，但医院的血液太昂贵，男孩没有钱支付任何费用，尽管医院已免去了手术费，但不输血妹妹仍会死去。

作为妹妹唯一的亲人，男孩的血型和妹妹相符。医生问男孩是否勇敢，是否有勇气承受抽血时的疼痛。男孩开始犹豫，10岁的他经过一番思考，终于点了点头。

抽血时，男孩安静地不发出一丝声响，只是向着邻床上的妹妹微笑。抽完血后，男孩声音颤抖地问："医生，我还能活多长时间？"

医生正想笑男孩的无知，但转念间又被男孩的勇敢震撼了：在男孩的意识中，他认为输血会失去生命，但他仍然肯输血给妹妹。在那一瞬间，男孩所做出的决定是付出了一生的勇敢，并下定了死亡的决心。

医生的手心渗出汗，他紧握着男孩的手说："放心吧，你不会死的，输血不会丢掉生命。"

男孩眼中放出了光彩："真的？那我还能活多少年？"

医生微笑着，充满爱心地说："你能活到100岁，小伙子，你很健康！"男孩高兴得又蹦又跳。他确认自己真的没事时，就又挽起胳膊——刚才被抽血的胳膊，昂起头，郑重其事地对医生说："那就把我的血抽一半给妹妹吧，我们两个每人活50年！"

所有的人都震惊了，这不是孩子无心的承诺，而是人类最无私、最纯真的诺言。

心灵寄语

不论你在哪里，不论你的处境如何，你都可以选择分享，在心中奏响希望的动听乐曲。分享是一种幸福，许多人身在福中不知福，其实他们缺少的不是幸福，而是去分享和奉献的能力。

生命的意义在于你拥有多少真情

人只应当忘却自己而爱别人，这样人才能安静、幸福和高尚。

——列夫·托尔斯泰

阳光无情地照耀着大地，罗宾渴得要命，便决定到街口拐角处的小咖啡馆去买杯可口可乐。当他走进咖啡馆时，看到一个男人正独自坐在柜台旁边。

罗宾在柜台旁坐下来，要了杯可口可乐。他望着四壁、天花板以及周围所有的东西，就是没看这个人。也不知道为什么，罗宾不想正眼瞧他。这时，或许这个人看出了罗宾的心思，首先同他搭话。

他问罗宾："外边真热吧？"

罗宾回答："是啊。这是这么多年来最热的一个夏天。我想等再长大些，就搬到一个比较凉快的地方去。"

"是呀，"他说，"要知道，有时我真想重新度过我的一生。那样我肯定会以一种不同的方式来生活。"

侍者端来饮料，罗宾狠狠地喝了一大口，拿不准是否再接着聊下去。最后还是受好奇心的驱使，他问："你这是指的什么呢？"

"多数人都有他们要关心的人，也有他们遇到问题时可以求之帮助的人，而我却从来不相信任何人。到头来，得到的报应是孤身一人。过去每当我遇到困难时，我总是借酒浇愁，从不依靠我的家人。然而，酒并不能解决我的问题，反而带来更多的麻烦，我的家庭破裂了。由于所有的麻烦都是我一手造成的，我只好独自离开。我有20多年没见过家人了。"那个人悔恨地叙述着。

罗宾坐着听这位陌生人讲完，问他这个道理是什么。

那人答道："那就是对人的热爱，它会比世界上任何东西带给你更多的幸福，永远不要忘记这一点。不要浪费你的生命而去追求物质财富，因为如果没有任何人与你同享这种财富，那它又有什么用呢？"

心灵寄语

我们的双眼往往容易被外表的华丽所蒙蔽，我们会因眼前利益而盲目。金钱、名利会腐蚀人的心灵，摧毁人类最宝贵的情感，直到死亡的最后一刻，我们才翻然醒悟，金钱和名利不过是身外之物，只有人类的情感才能永存于心。生命的意义在于你拥有多少真情而不是拥有多少财富。

快乐就在于分享

　　快乐不是件奇怪的东西，绝不因为你分给了别人而减少。有时你分给别人的越多，自己得到的也越多。

——古龙

　　从前在遥远的国度里，住着一位小王子。他是有史以来最忧伤的小王子，他从来不唱歌、游玩，也不笑，他总是显得非常的悲伤、忧愁。他的脸紧紧皱成一团，小王子一天比一天悲伤。有一天，小王子不见了。他自己一个人离开了，去寻找那颗他所珍爱的遗失的快乐的心。

　　小王子找了一整天。他在城里的街道上和乡间的小路上搜寻。他在店铺里搜寻，也在富人居住的房门外张望。但是，到处都找不到他那颗遗失的心。到了傍晚，他又累又饿。他从来没有走过这么远的路，他感到更加的不快乐。

　　太阳下山时，小王子来到一栋位于森林边缘的小屋子前，屋子看起来非常破旧，有灯光从窗户中投射出来。所以，他以一个王子的身份，拨开门闩，走进去。

　　屋里有一位母亲正在哄小婴儿睡觉，父亲正在大声地朗读故事，小女孩正在布置晚餐的餐桌，和小王子年龄相仿的小男孩正在生火。母亲穿的衣服很旧了，而他们的晚餐只有麦片粥和马铃薯，炉火也很小，但是一家人都拥有小王子所渴望的快乐。孩子们光着脚，脸上却挂着笑容，而母亲的声音是那么的甜美！

　　"你要和我们一起吃晚餐吗？"他们问。

　　他们似乎没有注意到王子那张皱成一团的脸。

　　"你们快乐的心在哪里？"王子问他们。

　　"我不知道你在说什么。"小男孩和小女孩说。

　　"为什么？"王子说，"你们每个人都像脖子上戴了金链子一样快乐。我也很想像你们一样。你们的金链子在哪里？"

　　"哈哈哈……"这些孩子们开心地大笑！

　　"我们不需要戴金链子，"他们说，"我们都深深爱着我们的家人。我们在游戏时把这间屋子当成城堡，我们用火鸡和冰激凌当晚餐。晚餐后，妈妈与我们一起分享这些快乐的时光，给我们讲故事，互相分享游戏的乐趣，我们只需要这些就很快乐了。"

"我要留下来和你们一起用晚餐。"小王子说。

于是他就在这间像是城堡一样的小屋子里吃晚餐，把麦片粥和马铃薯当作火鸡和冰激凌。他帮忙洗碗盘，然后他们坐在火炉前。他们把小小的炉火看成是烧得又旺又大的火焰，一边听母亲说着仙女的故事。

突然，小王子开始笑了。他的笑容就像鲜花般灿烂，他的声音也像音乐一般甜美。

这个晚上，他过得非常快乐。然后，男孩陪着他走上回家的路。当他们快抵达皇宫大门时，王子说："真奇怪，但我真的觉得已经找到了我的快乐之心。"

小男孩笑了起来。

"有什么好奇怪的，你是已经找到了，"他说，"只不过现在你把它戴在身体里面了。"

心灵寄语

快乐是简单的，虽然不同的人对快乐的理解不尽相同，但其实快乐的实质就在分享与给予。一味地索取和独享，只会让心灵慢慢枯竭。如果说快乐是一股源源不断的清泉，那么独占便是泉水中夹杂的点点泥沙。

因为关怀充满希望

要做一个在寒天送炭，在痛苦中送安慰的人。

——巴金

有个刚做完手术的孩子，他的眼睛上还蒙着纱布，等待光明。

一天，他摸索着来到医院后院，坐在一棵大树下。他在黑暗中幻想着将要看到的五彩世界，而又担心手术不成功。一片树叶飘到了他的头上，他随手一摸，拿到手里，他自言自语地说："这是杨树叶，还是……""是杨树叶。"一个低沉的声音传过来，接着一双大手摸到了他的脸上。"小朋友，几岁了？""12岁。""你眼睛不好？""啊，从小就有毛病。伯伯，你说这世界美吗？"

"美啊！你看，这天空是蓝色的，这远处的山雄伟挺立，那云朵洁白可爱。在咱们对面有一泓清水，水面上浮着粉红的荷花，碧绿的荷叶。这四周绿树成阴。嘿！那边不知是谁在放风筝。你听，这树上的小鸟在叫，你听见了吧？孩子！""我听见了。"盲童的脑海中出现了一幅幅美丽动人的图画。当他沉浸在欢乐中时，他抓住那个人的手问道："伯伯，我的眼睛能治好吗？""能，能！孩子，只要你认真配合医生治疗，就会好的。""真的？""真的！""那边是什么？还有那儿。""那边呀，是……"以后，就时常看见这两个人在交谈着。

过了一段时间，这个盲童终于拆线了，他看到了光明。当他适应了刺眼的阳光后，便跑向后院。

他走到那个黑暗中给了他欢乐的地方，用他那明亮的双眼向四周一望，他愣住了。原来，这里没有花木，没有清水，没有大山，有的只是一堵墙壁和一棵老树。在残秋冷风中坐着一个老人，他戴着一副墨镜，身边放着一根探盲棒。老人捧着一片杨树叶，在低低地说着什么。以后，在这家医院里，经常可以看到一个少年拉着一位失明的老人，在木材向那位曾给过他一片光明的老人诉说。

心灵寄语

给人一片"绿叶"，给生命一个希望，这世界因为奉献而充满感动，因为关怀而充满希望。

以善良温暖人心

没有善良——一个人给予另一个人的真正发自肺腑的温暖——就不可能有精神的美。

——苏霍姆林斯基

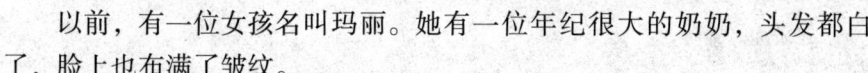

以前,有一位女孩名叫玛丽。她有一位年纪很大的奶奶,头发都白了,脸上也布满了皱纹。

玛丽的父亲在山上有一栋大房子。

每天,太阳都从南边的窗户里射进来,房子里的每件东西都亮亮的,漂亮极了。

奶奶住在北边的屋子里,太阳从来照不进她的屋子。

一天,玛丽对她的父亲说:"为什么太阳照不进奶奶的屋子呢?我想,她也是喜欢阳光的。"

"太阳公公的头探不进北边的窗户。"她父亲说。

"那么,我们把房子转个儿吧,爸爸。"

"房子太大了,不好转。"她爸爸说。

"那奶奶就照不到一点阳光了吗?"玛丽问。

"当然了,我的孩子,除非你给她带一点进去。"

从那以后,玛丽就想啊想啊,想着如何能带一点阳光给奶奶。

当她在田野里玩耍的时候,她看到小草和花儿都向她点头,鸟儿一边从这棵树跳到那棵树,一边唱着甜美的歌儿。

世间万物好像都在说:"我们热爱阳光,我们热爱明亮、温暖的阳光。"

"奶奶肯定也喜欢的,"王马丽想,"我一定要带一点给她。"

一天早晨,她在花园里玩时,看到太阳温暖的光线照到了她金色的头发上。然后,她低下头,看到衣摆上也有阳光。

"我要用衣服把阳光包住,"她想,"然后把它们带进奶奶的房子。"于是,她跳了起来,跑进了奶奶的屋子。

"看,奶奶,看!我给你带来了一些阳光!"她叫着。然后,她打开她的衣服,可是看不到一丝阳光。

"孩子,阳光从你的双眼里照出来了,"奶奶说,"它们在你金色的头发里闪耀。有你在我身边,我不需要阳光。"

玛丽不懂为什么她的眼睛里可以照出阳光,但她很愿意让奶奶高兴。

每天早上都在花园里玩耍,然后,她跑进奶奶的房子里,用她的眼睛和头发,给奶奶带去阳光。

"我要把阳光包住!"善良的玛丽把阳光用衣服包住,带给奶奶。她带去的不仅仅是阳光,是珍贵的心,是分享的快乐,是最纯洁的爱。

心灵寄语

善良、纯真的心，就像灿烂金色的阳光无处不在，温暖人的身心。有了善良的心，你就是阳光的精灵，在空中飞舞，带给人们快乐。

懂得分享他人的忧伤

倘若有了同病相怜的伴侣，天大的痛苦也会减去一半。

——莎士比亚

有个年轻人到动物园找工作，他希望做一个驯狮师。这个要求已经很不寻常了，但他的理由更不寻常。他原来已接近精神崩溃的边缘，医生告诉他唯一的治疗方法，就是去找一份高度紧张的工作，让他可以忘记其他的恐惧。因此他才来申请这份最危险的工作。这位年轻人后来成了一位相当出名的驯狮师，他的病也好了。

解除精神紧张的方法，是去处理需要精神紧张才能解决的问题。同样，减轻自己负担的方法，是帮助他人减轻负担。

泰尔哈德教士20世纪40年代曾在中国寻找北京人头盖骨。搬运行李的骡子，右边挂的是行李，左边是一块大石头，让骡子的负载平衡。非洲人用竹竿挑东西，也绑块石头在竹竿的另一端，来让肩挑的东西平衡。

我们通常是两手各提一个箱子使身体平衡，比只用一只手来提要好得多。忘却忧伤的方法是分担他人的忧伤。

有一位叫巴特勒的女士，有天回到家里，她的小女儿从二楼的房间飞奔出来迎接她。房子前面是块空地，她的女儿伏在栏杆上急着要见母亲，谁知失去重心，从楼上掉了下来，当场死去。巴特勒女士悲痛欲绝。有位慈善机构的老太太来安慰她，对她说："我一生的大半时间都是照料流落街头的女孩子。现在我年事已高，没有力量再照顾这四十多个女童，你何不来接手我的工作，让你忘掉自己的忧伤。"

巴特勒女士真的接过了这份工作，虽然不能完全忘记自己的痛楚，但因为把他人的难处肩负了过来，她自己的伤痛就大大减轻了。

第十三辑 分享是一种幸福

心灵寄语

忘却忧愁与痛苦的办法就是分担他人的忧伤痛苦。生命是个个体,同时又是一个整体,没有人能够独自生活在这个世界上。学会与人分享快乐与幸福,还要懂得去分担他人的忧伤和悲痛,这样,世界会因每个人的分享而更加温馨、美好。

第十四辑 合作才能共同发展

拥有团队精神

唯有具备强烈的合作精神的人,才能生存,创造文明。

——泰戈尔

一家公司准备从基层员工中选拔一位主管。

董事会出的题目是寻宝:大家要从各种各样的障碍中穿越过去,到达目的地,把事先藏在里面的宝物——一枚金戒指找出来。

谁能找出来,金戒指就属于谁,而且他(她)还能得到提拔。

大家异常兴奋。

他们开始行动了起来,但是事先设置的路太难走了,满地都是西瓜皮,大家每走几步都要滑倒,根本无法到达目的地。

他们艰难地行进着。

在寻宝队伍中,公司的一位清洁工落在了最后面。

对于寻宝之事,他似乎并不在意,他只是把垃圾车拉过来,然后把西瓜皮一锹锹地装了上去,然后拉到垃圾站去。

几个小时过去了,西瓜皮也快清理完了。

大家跳过西瓜皮,冲向了目的地,他们四处寻找,但是一无所获。

只有那个清洁工却在清理最后一车西瓜皮的时候,发现了藏在下面的金戒指。

公司召开全体大会,正式提拔这位清洁工。

董事长问大家:"你们知道公司为什么提拔他吗?"

"因为他找到了金戒指。"好几个人举手答道。

董事长摇摇头。

"因为他能做好本职工作。"又有几个人举手发言。

董事长摆了一下手说:"这还不是全部,他最可贵的地方在于,他富有团队精神,在你们争先恐后寻宝的时候,他在默默地为你们清理障碍。团队精神,这是一个人、一个公司最珍贵的宝贝!"

心灵寄语

团队精神是一个人能否成功的重要因素,具有合作意识的员工才是企业最需要的人才。能力、学识,许多人都具备,但真诚的合作意识会使人成为公司最珍贵的宝贝。

面临困境时,一定要团结

团结——在人需要的时候,它能帮助人们克服各种困难。

——高尔基

生活在海边的人常常会看到这样一种有趣的现象:几只螃蟹从海里游到岸边,其中一只也许是想到岸上体验一下水族以外世界的生活滋味,只见它努力地往堤岸上爬,可无论它怎样执着、坚毅,却始终爬不到岸上去。这倒不是因为这只螃蟹不会选择路线,也不是因为它动作笨拙,而是它的同伴们不容许它爬上去。你看,每当那只有企图的螃蟹爬离水面,就要爬上堤岸的时候,别的螃蟹就会争相拖住它的后腿,把它重新拖回到海里。人们也偶尔会看到一些爬上岸的海螃蟹,但不用说,它们一定是单独行动才上来的。

在南美洲的草原上,有一种动物却演绎了迥然不同的故事:酷热的天气,山坡上的草丛突然起火。无数蚂蚁被熊熊大火逼得节节后退,火的包围圈越来越小,蚂蚁似乎无路可走了。然而,就在这时,出人意料的事发生了:蚂蚁们迅速聚拢起来,紧紧地抱成一团,很快就滚成了一个黑乎乎的大蚁球,蚁球滚动着冲向火海。尽管蚁球很快就被烧成了火球,在噼噼啪啪的响声中,一些居于火球外围的蚂蚁被烧死了,但更多的蚂蚁却绝处逢生。

下面我们再来看一个关于落网飞鸟的故事:

有一个猎人在芦苇丛生的湖畔放了许多鸟儿喜欢吃的食物,引诱飞鸟们来啄食。同时,他也把网张好了。在芦苇深处,他耐心地等待着。不一会儿,果然飞来了一群鸟,争先恐后地在网里抢夺食物。

看到时机成熟，猎人用力一拉网绳，把这些鸟都困在网中了。猎人在网口用绳子系了一个结，就想背走。这时，网里面有一只身强力壮的大鸟，使尽全力，扑扇着翅膀往上飞，在它的带动下，其他的鸟儿也跟着学，终于把网也一齐带到天空去了。猎人跟着这个会飞的网在地上拼命地追赶着。在跑的过程中，猎人的衣服被树杈给钩破了，脸上汗水直淌，但他仍不停地追赶。

一个路人看见了，便对气喘吁吁的猎人说："鸟在天上飞，你在地上跑，你哪能赶得上、捉得到呢？你也未免太傻了！"猎人却毫不气馁地回答说："日头落山，鸟儿必定要寻找山林休息，这是常规。在太阳落山的时候，各种鸟就要向不同的方向飞奔，这个时候，网自然就会掉下来了。"猎人说完，又努力地向前追去。

太阳落山了，网里的鸟儿们果然发生了激烈的争吵，有的主张往东边飞，有的主张往西边飞，有的主张往森林里飞，有的主张往深谷里飞。它们互相用力牵扯着，谁也不肯让步，不久，就连鸟带网都落到了地上。这时，猎人正好赶到，立即把网中的鸟全都杀死，高高兴兴地回家去了。

在这篇寓言中，鸟儿之所以能逃脱，是因为它们团结一致，它们之所以被杀，是因为它们离心离德。这个故事又一次形象地告诉了我们，只有团结才是最重要的。因为对于每一只鸟来说，它都没有力量和猎人抗衡，是它们的团结使它们暂时逃离了危难，可惜的是它们并没有经受住困难的考验，私心彻底打破了它们原有的团结。

心灵寄语

许多时候，团结与否关乎能否生存。当大家生命面临威胁时，还有什么理由去争抢一己之利呢？万众一心才能共渡难关，才能享受到共度风雨后的胜利果实。

懂得互相帮助，团结合作

我们知道个人是微弱的，但是我们也知道整体就是力量。

——马克思

某日，老虎和猴子一起儿聊天。

老虎对猴子说："听说人类是你们猴子变的，但我劝你千万别变成人。"

"为什么？"猴子很诧异，"人的衣食住行，样样比我们强。"

"真是笑话，"老虎大吼一声说，"他们哪一样比得上我？先说吃吧，他们吃生的怕拉肚子，只吃肉又嫌油腻，吃少了营养不良，吃多了又怕发胖。"

"对！对！人类的'食'真的不如你。"猴子服气地说，"那么衣呢？"

"那是因为他们天生光溜溜的，没有衣服穿一定会被冻死。"老虎笑着说。

"太有道理了，"猴子忍不住鼓起掌来，"但是人类有自己的房子啊！"

"他们的水泥洞，几十家用一个大门，有什么好的。"老虎接着说，"举个例子吧，只听说人类大楼失火，一死就是几十个人，总没见过森林失火，老虎被烧死在洞里吧？"

"还是你们老虎高明，"猴子说，"但是，没见过你们老虎开汽车呀？"

"那是因为人类体质差，跑不快，又走不远，才不得不开车的。而且，机器出故障不能开，油用完了不能开，路况不好也不能开。"

"对，对……"猴子一连说了十几个对。但就在这时候，远处突然传来砰砰的枪声。

"糟了，人来了，我得跑了。"老虎一溜烟儿跑到森林深处。

"喂！"猴子大声喊道，"你不是说人类不如你吗？"

"但是，他们懂得互相帮助，团结合作啊。"老虎的声音隐约传来。

心灵寄语

没有任何一种力量能够比得上团结产生的合力，它能消除一切灾难，越过所有坎坷，使人成为主宰世界的强者。

合作的技巧

人是要有帮助的。红花虽好，也要绿叶扶持。一个篱笆打三个桩，一个好汉要有三个帮。

——毛泽东

堇子是精装图书推销商，主要从事美术设计图书的推销。每个礼拜，她都要去拜访京城几位著名的美术家。这些人从来不拒绝见她，但也从来不买她的书籍。他们总是仔细地翻看堇子带去的图书，然后告诉她："很遗憾，我不能买这些图书。"

经过多次失败，堇子感到有些奇怪。于是她就去一位学习心理学与人际关系学的朋友那儿请教。这位朋友仔细问了她推销的经过后对她说："你把他们给镇住了，所以他们不敢买。"

堇子是个很敬业的姑娘，她原来就有较为不错的美术功底，但她说话缺少技巧。每次推销时，她总是很热情地告诉对方："这一部画册你一定没有见过，它是现代最……图书。"朋友告诉堇子："你不妨把书送上门，让他们自己去品评。"

堇子意识到过去的方法有错误。于是她又带着几本画册经朋友介绍，去了一位新客户家中。到了那里后，她并不忙着推销书籍，而是左顾右盼，用心欣赏这位美术家朋友的美术作品。对一些模糊的地方，她总是及时提出来，请教这位美术家。

这位美术家来了兴致，不知不觉中，两人已经聊了两个多小时。最后，堇子请教这位美术家道："以您这么多年的美术设计经验，你能否帮我看一下这几本书，看看它们中到底哪一本更实用、更权威。"

因为时间不多了，两人约定第二天再见面。第二天，堇子再去取书时，这位美术家已经认认真真地打了一份评价意见。字数不多，但是很中肯。堇子对这位美术家表示感谢，这位美术家主动告诉堇子："我自己想订购几本这种画册。另外，我和我的几个朋友都联系了一下，他们也愿意看一看。"

堇子听了很感激，并在这位美术家的帮助下，又连续推销出了好几套大型画册。

堇子后来说："以前我只忙着介绍图书，总认为他们没见过的就一定是他们需要的。现在我才明白，如果虚心请教他们，他们会觉得你是把他们当专家来看待。他们觉得这些图书是通过他们自己的眼光鉴别出来的。用不着我去向他们推销，他们自己也会买。"

心灵寄语

合作的技巧其实很简单，就看你是否愿意去掌握它。如果总觉得自己如何了不起，而不去考虑别人的感受，是不会受到别人欢迎和喜欢的，当然就不会有"人缘儿"。

积极拓展你的人脉

交际越是广泛，越是感到幸福，这就是人类社会的起因。

——福泽谕吉

大卫在一家广告公司做事，他很会发展人际关系，不久便发展了最大的两家客户。同时，他的年薪也涨到25000美元。由于公司具有十足的发展潜力，因此他的前途也很光明。但是，他仍然希望能拥有一家自己的公司，他认为"打铁须趁热"，再不开始施展抱负，可能就要坐失许多良机。于是，就在27岁那年，他辞去了令人羡慕的工作，投身于自己的事业。此时，他过去的一些交际关系便派上用场了。

通常来说，广告业比其他行业更重视个人交际，甚至可以说广告业就是建立在人际关系上，需靠交际才能得以维持。一家广告代理公司建立之初，最重要的课题就是如何才能获得顾客，此时，公司员工们过去的个人交际便能产生极大作用。

大卫曾经是许多公司的赞助者，信誉卓著，各方面关系都不错，所以，他的公司一开业，便有厂商指名要他代理，这使他的公司业绩蒸蒸日上。

5年后，公司已有30名员工，全美各地都有客户，其中足以维持公司的大客户就有15家之多。而他本身所具备的专业知识及其交际能力皆是他成功的重要保障。

大卫就这样利用人际关系赢得了成功，但他是否从此就满足而不再前进了呢？当然不是。据说，他后来又创办了一家"一年一元俱乐部"。该俱乐部是同业友人聚会的场所。凡是会员，业务上有任何疑问或困难，都可在俱乐部公开提出讨论或在会员间彼此交换意见，俱乐部可算是个"脑力激荡中心"。俱乐部的会员中，有一流的出版业者、广播业者和广告业者等，都是社会上的精英分子。通过这种形式，他的人际关系又得到了发展。大卫在即将进行某一新企划时,也会到俱乐部征求各方面专家的意见,他对于在那儿讨论出的结论极有信心与把握。

他工作上所需要的交际多半都在白天进行,但有时候夜晚也得做,他不仅常把工作带回家,也常请俱乐部的朋友到家里来。

现在,他的朋友仍在不断增加,交际范围也随之不断扩大。相信将来他还会从丰富的人脉资源中获得意想不到的成功契机。

心灵寄语

个人的力量终究是有限的,朋友则是能够帮助你改变人生的魔杖。走向人生,积极拓宽你的人脉有利于你工作和人生取得成功。

团结互助,共同发展

人们在一起可以做出单独一个人所不能做出的事业;智慧、双手、力量结合在一起,几乎是万能的。

——韦伯斯特

在中国古代,有一块价值连城的宝玉,叫"和氏璧"。后来,这块宝玉落到战国时赵国赵惠文王的手中。秦王听到这个消息后,很想把这块宝玉占为己有。于是,他给赵王去信,假意要用十五座城池来交换和氏璧。

赵王慑于秦王的威势,明知秦王的用意,也不敢不从。为了既保住和氏璧和赵国的尊严,又不惹恼秦国,他让蔺相如前往秦国。蔺相如果然不辱使命,凭借自己的机智勇敢,完璧归赵,从此,受到赵国的重用,当上了赵国的相国。

赵国有一位战功显赫的大将军,名叫廉颇。他见蔺相如不靠战场上浴血奋战,仅凭口舌之功竟当上了相国,比自己的官还要大,心中很不服气,一心想找蔺相如的麻烦。

于是,两人见面时,廉颇总是不给蔺相如面子,经常与蔺相如发生矛盾。

蔺相如见廉颇处处与自己过不去，深知将相不和，有损国家利益，于是，决心善待廉颇，化解二人的矛盾。

此后，廉颇与蔺相如在一起时，蔺相如都对廉颇彬彬有礼，十分客气。对廉颇的故意为难，蔺相如都一笑了之。

廉颇和他的手下却都认为，蔺相如如此是因为害怕廉大将军，于是，越发高傲起来。

一次，蔺相如与廉颇的轿子在闹市中不期而遇，按礼节，蔺相如是相国，官位比廉颇高，应该廉颇让道。但廉颇根本不理睬，蔺相如见了，马上命手下让开道路，并令人传话：请廉大将军先行。

廉颇走后，蔺相如手下的人都埋怨他太软弱。蔺相如却说："我不是软弱，更不是怕廉颇，秦王我都不怕，还怕他吗？我这样做，是为国家考虑，将相不和，国家如何安宁呢？"

这番话传到廉颇耳中，他细细一想，确实是这个道理。廉颇虽是个粗人，却很正直，决定向蔺相如请罪。

他命手下采来荆条，赤裸上身，背负荆条，徒步走向蔺相如的府邸。来到蔺相如的府邸，廉颇跪了下来，高声说："廉颇前来向相国治罪。"

蔺相如听到后，来不及穿上鞋，就急忙跑出来，扶起廉将军。这就是"负荆请罪"的来源。

从此，二人团结一心，共报赵国，使赵国朝政稳定、社会安宁，得以抗拒秦国的威胁。

心灵寄语

一个人的成功，背后往往有许多人的付出与帮助，不懂得团结互助，也难尝到共同摘得成功果实的美妙滋味。

善于与别人合作

四马不和，取道不长。

——刘向

一匹马有一次跑得很快，主人伸手，拍拍它的脚，表示欢喜它，奖励它。那一只脚却以为是它自己独白的功劳，骄傲起来了，举起了蹄，在地上踢呀踢的，发出"嘚嘚"的声音，好像向另外三只脚夸口道："瞧主人多有眼光，他知道之所以跑得快，全靠着我，因此才这样欢喜我，爱我！"

另外三只脚心里很不平，但是并不跟它争论。

第二天，主人又骑上马，预备出门了，但是那三只脚一动也不动，心里说道："我们都是不中用的，让那个夸口的家伙，独自得功去吧！"

你们想：一匹马，三只脚都不肯动，只有一只脚肯出力，那么，无论这只脚怎样起劲，也不会移动一步的。

主人大怒起来："怎么！昨天刚刚受过奖励，今天就偷懒起来了。贱畜生！非打不可！"他举起鞭子痛打着，恰巧一鞭一鞭地打在那一只夸过口的脚上。

"啊呀！吃不消了！"它向另外三只脚哀求道，"现在我知道，大凡由合作而成功的事，绝不能算作一个人的功劳。请饶恕我的夸口，大家一齐跑起来吧！"

心灵寄语

人不是孤立的，而是生活在群体中的，所以我们要充分考虑自己的现状，善于和别人合作，将二者的长处有机地结合起来，共同去迎接生活的挑战，如此才有可能避免陷入生存的绝境。

第十五辑　怀着一颗感恩的心

对生活怀有一颗感恩的心

有希望在的地方，痛苦也成欢乐。

——莫洛亚

提起霍金，人们就会想到这位科学大师那永远深邃的目光和宁静的笑容。世人推崇霍金，不仅仅因为他是智慧的英雄，更因为他还是一位人生的斗士。

有一次，在学术报告结束之际，一位年轻的女记者捷足跃上讲坛，面对这位已在轮椅上生活了30余年的科学巨匠，深深敬仰之余，她又不无悲悯地问："霍金先生，卢枷雷病已将你永远固定在轮椅上，你不认为命运让你失去太多了吗？"

这个问题显然有些突兀和尖锐，报告厅内顿时鸦雀无声，一片静谧。

霍金的脸庞却依然充满恬静的微笑，他用还能活动的手指，艰难地叩击键盘。于是，随着合成器发出的标准伦敦音，宽大的投影屏上缓慢而醒目地显示出一段文字：

我的手指还能活动，

我的大脑还能思维；

我有终生追求的理想，

有我爱和爱我的亲人和朋友；

对了，我还有一颗感恩的心……

心灵的震颤之后，掌声雷动。人们纷纷拥向台前，向这位非凡的科学家表示由衷的敬意。

这个世界不缺少善良，这个社会也不缺少感动，在人人都急功近利地追逐自己的梦想时，有几个人能想到"感谢"这个词语？

有两个行走在沙漠的商人，已行走多日。在他们口渴难忍的时候，碰见一个赶骆驼的老人，老人给了他们每人半碗水。两个人面对同样的半碗水，一个抱怨水太少，不足以解除身体的饥渴，怨恨之下竟将半碗水泼掉了；另一个也知道这半碗水不能完全解除身体的饥渴，但他拥有一种发自内心的感恩之心,并且怀着这份感恩的心情,喝下了这半碗水。结果,前者因为拒绝这半碗水死在沙漠中,后者因为喝了这半碗水,终于走出了沙漠。

这个故事告诉人们,对生活怀有一颗感恩之心的人,即使遇上再大的灾难,也能熬过去。感恩者遇上祸,祸也能变成福,而那些常常抱怨生活的人,即使遇上了福,福也会变成祸。

心灵寄语

人们常说要懂得感恩,感恩是一种心态,是对生活的一种发自内心的热爱。感恩者无论目前处于多么恶劣的境地,都会记住自己拥有的"半碗水",珍惜生命中拥有的一切。

谦恭的心胜过一切

人生道路上能谦让三分,就能天宽地阔。

——卡耐基

经济大萧条时期,一位富有的面包师把城里最穷的20个小孩召唤来,对他们说:"在上帝带来好光景以前,你们每天都可以来拿一块面包。"

每天早晨,这些饥饿的孩子蜂拥而上,围住装面包的篮子你推我搡,因为他们都想拿到最大的一块面包。等他们拿到了面包,顾不上向好心的面包师说声谢谢,就慌忙跑开了。

只有朱丽叶,这位贫寒的小姑娘,既没有同大家一起吵闹,也没有与其他人争抢。她只是谦让地站在一步之外,等其他孩子离去以后,才拿起剩在篮子里最小的一块面包。她从来不会忘记亲吻面包师的手以表示感激,然后才捧着面包高高兴兴地跑回家。

有一天,别的孩子走了之后,羞怯的小朱丽叶得到一块比原来更小的面包。但她依然不忘亲吻面包师,并向他表达真诚的谢意。回家以后,妈妈切开面包,发现里面竟然藏着几枚崭新发亮的金币。

第十五辑　怀着一颗感恩的心

妈妈惊奇地叫道:"朱丽叶,立即把钱送回去,一定是面包师揉面的时候不小心掉进去的。赶快去,把钱亲自交给好心的面包师!"

当朱丽叶把金币送回去的时候,面包师说:"不,我的孩子,这没有错,是我特意把它们放进去的。我要告诉你一个道理:谦让的人,上帝会给予他幸福。愿你永远保持一颗宁静、感恩的心。回家去吧,告诉你妈妈,这些钱是上帝的奖赏。"

心灵寄语

谦恭的心胜过一切华美的言语,它使得拥有它的人形象变得高大起来。谦恭看似会少得到许多,但实际上,上苍最慷慨的馈赠永远是留给那些懂得谦恭的人。

不知感恩的人永不会幸福

如果人们不能领略我们这个尘世生活的乐趣,那就是因为他们没有深爱人生。

——林语堂

一个婴儿刚出生就夭折了,一个老人寿终正寝了,一个中年人暴亡了。他们的灵魂在去天国的途中相遇,彼此诉说起了自己的不幸。

婴儿对老人说:"上帝太不公平,你活了这么久,而我却等于没活过。我失去了整整一辈子。"

老人回答:"你几乎不算得到了生命,所以也就谈不上失去。谁受生命的赐予最多,死时失去的也最多。长寿非福也。"

中年人叫了起来:"有谁比我惨!你们一个无所谓活不活,一个已经活够数,我却死在正当年,把生命曾经赐予的和将要赐予的都失去了。"

他们正谈论着,不觉到达天国门前,一个声音在他们头顶响起:"众生啊,那已经逝去的和未曾到来的都不属于你们,你们有什么可失去的呢?"

三个灵魂齐声喊道:"主啊,难道我们中间没有一个最不幸的人吗?"

上帝答道:"最不幸的人不止一个,你们全是,因为你们全都自以为所失最多。谁被这个念头折磨,就是最不幸的人。"

心灵寄语

看看吧!生活中人们总在不停地索取而仍不满足。听听吧!耳边不绝于耳的牢骚抱怨声。是我们的生活越来越不幸了吗?是我们生存的环境更加艰难了吗?还是世界上不幸的人越来越多了?究竟有几个不幸的人,到底谁最不幸,每个人心中都有自己的答案。然而,你的答案正确吗?看看文中的三个人。不知满足、不知感恩的人,永难幸福。

懂得感激,让你收获更多

凡过于把幸运之事归功于自己的聪明和智谋的人多半结局是很不幸的。

——培根

一个商人从事航海贩运发了大财。他曾屡屡战胜风险,各种各样恶劣的气候和地形都没有对他的货物造成损失,命运女神似乎格外垂青他。他所有的同行都遭到过灾难,只有他的船平安抵港。人们追求奢侈的欲望使他财源广进,他顺利地贩卖了运回来的砂糖、瓷器、肉桂和烟草。总之,他很快就成了腰缠万贯的大富翁。

他开始挥霍,一个朋友目睹了他的豪华盛宴之后,羡慕地说道:"您的家常便饭就这样气派,真让我大开眼界!"

"我是靠我自己的努力奋斗,靠我的聪明才智,靠我的独具慧眼,抓住机遇获得今天的成就的。"

这位商人认为赚钱是件极容易的事,因此,他把赚得的钱拿出来搞投机。但这一次可没有什么好运气了,第一条船设备很差,碰到一点儿风浪就翻了船;第二条船连必要的防御武器都没有,海盗连船带货都一齐掳了去;第三条船呢,虽然平安到港了,但一时间经济萧条,没有了往日那种追求奢华的风气和购物狂潮,货物也因为积压过久而变质了。

另外，代理人的欺骗和花天酒地、挥金如土的生活方式也花费了他不少的钱财。

他的朋友看到他如此迅速地陷入一文不名的境地，问他："这是怎么回事？"

"唉，别提了，全怪那不济的命运。"

"您别放在心上，"朋友安慰他说，"如果命运不愿意看到您幸福，至少它会教您变得谨慎小心。"

不知道他是否听进去了这个忠告，但可以肯定的是，人们在一般情况下，总爱把成绩归功于自己的才干，如果失败，就会把责任推到命运女神身上。

心灵寄语

成功属于你，但你应该感谢的人有很多；失败也会属于你，吸取教训才会迎来下次的成功。命运不是用来埋怨的，感激才会让你收获更多。

学会感谢生活

生活需要一颗感恩的心来创造，一颗感恩的心需要生活来滋养
——王符

小宝的父母离异了。家庭的变故使他变得郁郁寡欢，不但学习成绩下降，还动不动对同学发脾气。也许是为了平衡自己内心的混乱，每天吃完晚饭他都一个人在操场上转圈，一圈又一圈。谁都知道他的痛苦，可是，就是没有人能够安慰他。就在这个时候，班里一个并不起眼的同学小强出现在他的身边。于是，在学校的操场上经常能够看到两个并肩而行的身影。就这样，又过了一段时间，小宝完全从父母离婚的阴影中走了出来，又融入了温暖的大家庭。

在前不久的一次同学聚会上，当同学们提起这段往事的时候，小强微笑着对人家说："其实没什么神秘的，你们并不知道，我父母在我上中学的时候就离婚了。在那段痛苦的日子里，我努力学习，结果考上了大

学。回首那段生活，我发现自己成熟了，独立了，坚强了。我只不过是把自己的这段经历告诉了他而已。"

这样的答案让大家很吃惊，因为，整整四年，全班同学没有一个人知道小强的身世，而且，他还一直生活得那么快乐、豁达。当大家问他为什么会做到这样时，小强说："'我们需要感谢生活吗？'在生活中，很多人会自觉或不自觉地问起这个问题，尤其是当我们面对生活中的种种不如意的时候。我想当好运来临的时候，我们都会感谢生活。当生活不尽如人意的时候，我们大多数人会抱怨生活。但是，生活常常不会因我们的抱怨而变得美好起来，有的时候，还会因为我们的抱怨而变得更加糟糕。经历了那段不如意的日子，我学会了感谢生活。因为，正是那段家庭的变故，才成就了今天的我。"

心灵寄语

生活之所以多姿多彩，正在于它随时都会发生变化。变化的生活，可能不如你期待的美好，但它实际是磨炼你的利器。

感谢伤口

累累的创伤，就是生命给你的最好的东西，因为在每个创伤上都标示着前进的一步。

——罗曼·罗兰

一个3岁的小孩罹患先天性心脏病，最近动过一次手术，胸前留下一道又深又长的伤口。

一天，孩子换衣服时，从镜中照见疤痕，竟骇然而哭。

"我身上的伤口这么长！我永远不会好了。"孩子想。

孩子的敏感早熟令她的妈妈惊讶异常！她的妈妈心酸之余，解开自己的裤子，露出当年剖腹生产留下的刀口给孩子看。

"你看，妈妈身上也有一道这么长的伤口。"

孩子疑惑了。

她的妈妈说道:"因为以前你还在妈妈的肚子里的时候生病了,没有力气出来,幸好医生把妈妈的肚子切开,把你救出来,不然你就会死在妈妈的肚子里面。妈妈一辈子都感谢这道伤口呢!

"同样,你也要谢谢你的伤口,不然你的小心脏也会死掉,见不到妈妈。"

"感谢伤口",这四个字如钟鼓声直撞我们的心,不由得使我们低下头,检视自己。

心灵寄语

每一次失败都会化作伤疤留在心里,每一道伤痛都会蛰伏在心底不时隐隐作痛。失败的苦痛犹如烈酒,辛辣也灼人,那滋味也许叫人终生难忘,心有余悸。然而,没有灼热的刺痛怎么会体会到甘甜的舒畅?没有失败的人生怎么会品尝到再次成功的喜悦?感谢失败,感谢留在心底的那道伤口,它让我们记住:痛往往是生命的重生!

及时温暖受伤的心灵

很小的恩惠而施得及时,对受惠的人就有很大的价值。

——德谟克利特

在感恩节来临之际,美国洛杉矶的一家报纸向一位小学女教师约稿,希望能得到一些家庭条件贫寒的孩子画的图画,图画的内容是他们想要感谢的东西。

孩子们听了很兴奋,纷纷拿起笔来在白纸上描画了起来。女教师在心里猜想,这些贫苦的孩子想要感谢的东西肯定是很少的,大部分孩子可能会画餐桌上的火鸡或冰激凌。

当一个皮肤棕黑、头发卷曲的男孩把他的画交上来时,女教师一看那画不由吃了一惊,原来上面画的是一只手。

这是谁的手?这个抽象的表现使女教师一时很难理解,其他的孩子也纷纷猜测:

"这一定是上帝的手。"

"这是农夫的手,因为只有农夫才能喂养火鸡。"

女教师来到小男孩面前,低下头问他:"你能说明一下,你画的是谁的手吗?"

男孩小声地回答道:"老师,我画的是您的手。"

女教师一下子回想起来了:在放学后,她总是拉着他的黏糊糊的小手,送他走一段路。他家里非常穷,父亲常酗酒,母亲体弱多病,没有工作,这男孩平日里总是穿着脏兮兮的破旧的衣服。当然,女教师也常常拉别的孩子的手,但老师的这只手在这个男孩的心里却有着非凡的意义,所以他要感谢这只手。

心灵寄语

不经意间一个鼓励的眼神,拍着肩膀的手掌,一句亲切的问候和安慰,都会在无形中温暖一个受伤的心灵或无助的灵魂。对于他们来说,给予他们这些的人比上帝身边的天使还要美丽。

怎样看自己

衡量一个人,应以他在不幸之下保持勇气、信心的方式为准。

——普鲁塔克

她站在台上,不时胡乱地挥舞着她的双手;仰着头,脖子伸得很长很长,与她尖尖的下巴扯成一条直线;她的嘴张着,眼睛眯成一条线,诡谲地看着台下的学生;偶然她口中也会依依唔唔的,不知在说些什么。她是一个不会说话的人,但是,她的听力很好,只要对方猜中,或说出她的意见,她就会乐得大叫一声,伸出右手,用两个指头指着你,或者拍着手,歪歪斜斜地向你走来,送给你一张用她的画制作的明信片。

她就是黄美廉,一位自小就患脑性麻痹的病人。脑性麻痹夺去了她肢体的平衡感,也夺走了她发声的能力。从小她就生活在众人异样的眼光中,她的成长充满了血泪。然而她没有让这些外在的痛苦,击败她内在的奋斗精神。她昂然面对，迎向一切的不可能，终于获得了加州大学艺术博士学位。她用她的手当画笔，以色彩告诉人"寰宇之力与美"，并且灿烂地"活出生命的色彩"。全场的学生都被她不能控制自如的肢体动作震慑住了。这是一场倾倒生命、与生命相遇的演讲会。

"请问黄博士，"一个学生小声地问："你从小就长成这个样子，请问你怎么看你自己？你都没有怨恨吗？"

"我怎么看自己？"美廉用粉笔在黑板上重重地写下这几个字。她写字时用力极猛，有力透纸背的气势。写完这个问题，她停下笔来，歪着头，回头看着发问的同学，然后嫣然一笑，又在黑板上龙飞凤舞地写了起来：

一、我好可爱！

二、我的腿很长很美！

三、爸爸妈妈这么爱我！

四、上帝这么爱我！

五、我会画画！我会写稿！

六、我有只可爱的猫！

七、还有……

忽然，教室内鸦雀无声，没有人敢讲话。她回过头来定定地看着大家，再回过头去，在黑板上写下了她的结论："我只看我所有的，不看我所没有的。"

掌声在学生中响起，美廉倾斜着身子站在台上，满足的笑容从她的嘴角荡漾开来，眼睛眯得更小了，一种永远也不被击败的傲然，写在她脸上。

心灵寄语

不管你的生活多么不幸，不论你的命运多么坎坷，拥有生命就是最大的幸运，关键在于你怎样看自己。生活的道路布满荆棘，相信自己，欣赏自己，生命的道路会越走越宽广。

第十六辑　回报父母的爱

孝顺是做人之本

和睦的家庭空气是世界上的一种花朵,没有东西比它更温柔,没有东西比它更知道把一家人的天性培养得坚强、正直。人生真正的幸福和欢乐,浸透在亲密无间的家庭关系中。

——得莱塞

汉朝的时候,有个少年叫黄香。他总是主动帮父亲做家务,邻居都夸他是个懂事的好孩子。

黄香9岁那年的夏天,父亲得了一场重病,卧床不起。小黄香十分着急,跑了很远的路请来大夫为父亲治病。

大夫开了药方,小黄香又亲自抓药和煎药,然后一口一口地喂父亲吃。

到了晚上,小黄香怕飞来飞去的蚊虫影响父亲休息,便搬来一个小板凳,坐在床边替父亲扇扇子,驱赶蚊蝇,扇凉,直到天亮。

第二天晚上,父亲怕小黄香熬坏了身体,关切地说:"孩子,我好多了,你去睡一会儿吧。"小黄香却执意不肯,说:"以前我生病时,您也是这样照顾我的,现在您病还没好,我怎么睡得着呢!"

在小黄香的精心护理下,父亲的病很快就痊愈了,可是小黄香却累瘦了。

父亲把小黄香紧紧搂在怀里,流下了眼泪:"真是辛苦你了!"

小黄香长大以后,被朝廷选为孝廉(孝顺廉洁的人),做了大官。他对待百姓十分仁厚,受到了大家的颂扬。

心灵寄语

我们常说正直、诚实、善良是做人的根本,但唯独忘记了孝心。殊不知,没有对生养我们的父母的尊重和爱,又哪里谈得上善良、正直呢?孝顺是做人之本,孝顺不是做给外人或者后代看的,而是用心去疼惜为我们操劳了一生的父母,让他们能感受到他们因付出而得到的收获。

最伟大的母爱

> 母亲爱孩子并不是道德，它是更为本能的、更为纯洁的自然的爱。人类最美的东西之一就是母爱，这是无私的爱，道德与之相形见绌。
> ——武者小路实笃

一束鲜花——一束白色的栀子花，总会在她的每个生日送到家里。花束里没有通常可见的留言卡；到花店老板那里也查不出赠花人的姓名，因为这花是现金零售的。白色的栀子花依偎在柔和的粉红色的包装纸中，纯洁无瑕，芳香沁人，带来了无尽的欣悦。

她没法查明送花人的身份，然而没有一天不在想象这位匿名者的形象。每一次想起这位也许是出于羞涩或是出于孤僻而不愿意透露自己真名实姓的神秘人士的时候，都是她最为幸福的时刻。

她的妈妈也给她的想象推波助澜。她多次询问，是不是她曾经为某人做过什么好事，而今他以这种方式表示他的谢意呢？会不会是那位她常常帮助卸车的开杂货店的邻居呢？会不会是哪位青年人，怀有浪漫之想呢？她实在没法知道。而栀子花的芬芳与温馨却时刻陪伴在她身旁，让她真切地感觉到自己是可爱的，值得别人关心与爱。

她就是在这栀子花香中想，在栀子花香中成长，一直到22岁。这一年，妈妈过世了，生日里的栀子花也就是在这一年中断的。

这时，她知道了长年以来母亲对女儿的爱蕴藏在一束束白色的栀子花中，让女儿在栀子花香中尽情地想象，在温馨栀子花香中健康成长。哪怕是在生日时再也收不到栀子花，但那份母亲对女儿无私的爱却在心底永存。母亲的爱呀！是的，虽然她此时此刻永远失去了母亲，但是她曾经是世界上最幸福的女孩。

心灵寄语

母亲是世界上最伟大的人，母爱是世界上最无私的感情。无论哪一种生命，在母亲的悉心呵护下都会茁壮地成长。我们实在应该感谢母亲，感谢她带给我们生命，带给我们幸福的体会。

珍视亲情

慈孝之心，人皆有之。

——苏辙

相传我国伟大的思想家、教育家孔子一生弟子三千，其中贤弟子七十二。这七十二人中又有一个叫子路的人，在所有弟子当中，他尤其以勇猛耿直闻名，而其自幼的孝行也常为孔子所称赞。

子路小的时候家里很穷，一家人时常在外面采野菜充饥。有一次，子路年迈苍老的父母许久没有吃过饱饭了，总念叨着什么时候能吃上一顿米饭该多好啊！可是家里一点米也没有了。子路看在眼里，急在心里：这可怎么办啊？子路突然想起山那边舅舅家里还比较富足，要是翻过那几道山梁到他家借点米，他们心疼我，就一定肯借，那父母的这个要求不就可以满足了吗？

于是，小子路出发了。他不顾山高路远，翻山越岭走了几十里路，从舅舅家借到一小袋米，又马不停蹄地往家赶。夜里看着满天的繁星，一个人走在漆黑的山路上还真有点害怕，可想到父母还在家里等着自己，小子路又鼓起勇气，大步流星地朝前走去。回到家里，生火、洗锅、打水，蒸熟了米饭，自己一口也舍不得吃，连忙捧给了父母。看到父母吃上了香喷喷的米饭，子路忘记了一切疲劳，开心地笑了。

父母去世以后，子路南游到楚国。楚王非常敬佩和仰慕他的学问和人品，给子路加官晋爵，此后子路家中车马百辆，余粮万钟（古代容量单位），不愁吃不愁穿。但是子路总是不能忘怀昔日父母的劳苦，感叹说："如果父母还在世就好了，就算要同以前一样吃野菜，再要我到百里之外的地方背米回来赡养父母双亲也好啊！"

当孔子得知子路如此思念父母，并一再为父母生前无法尽心尽力奉养他们而自责，便劝慰子路说："你在父母生前已经尽孝了。父母过世的时候，虽然后事无法用优厚的丧礼操办，可你的孝心父母已经感受到了，你也已经尽了为人子女应有的礼节。你不必内疚，而且完全可以称作是天下做子女的楷模!"

心灵寄语

今天的我们还能为父母不辞百里地去背米吗?生活在这个急功近利的社会,我们是否应该经常扪心自问:父母现在吃得好吗?身体健康吗?他们快乐吗?珍视亲情,不要等到父母已去,才追悔莫及。

爱,需要大声地表达

理想的幸福家庭既不遥远,也不会自天而降。它应靠自己的力量去求得,靠全家人齐心协力去建立。

——池田大作

卡耐基在为成年人上的一堂课上,曾给全班出过一道家庭作业。作业内容:"在下周以前去找你所爱的人,告诉他们你爱他。那些人必须是你从没说过这句话的人,或者是很久没听到你说这句话的人。"

在下一堂课开始之前,卡耐基问他的学生们是否愿意把他们对别人说爱而发生的事和大家一同分享。卡耐基非常希望跟往常一样有个女人先当志愿者。但这个晚上,一个男人举起了手,他看来有些激动。

男人从椅子上站起身,开始说话了:"卡耐基先生,上礼拜你布置给我们这个家庭作业时,我对你非常不满。我并没感觉有什么人需要我对他说这些话。还有,你是什么人,竟敢教我去做这种私人的事?但当我开车回家时,我想到,自从5年前我的父亲和我争吵过后,我们就开始彼此避免遇见对方,除非在圣诞节或其他家庭聚会中非见面不可。尽管如此,我们还是几乎不交谈。所以,回到家时,我告诉我自己,我要告诉父亲我爱他。

"说来也很怪,做了这决定时我胸口上的重量似乎减轻了。

"第二天,我一大早就急忙起床了。我太兴奋了,几乎一夜没睡着,我很早就赶到办公室,两小时内做的事比从前一天做的还要多。

"9点钟时,我打电话给我爸爸,问他我下班后是否可以回家去。他听电话时，我只是说：'爸，今天我可以过去吗？有些事我想告诉您。'我父亲以暴躁的声音回答：'现在又有什么事？'我跟他保证，不会花很长的时间，最后他终于同意了。5点半，我到了父母家，按门铃，祈祷我爸会出来开门。我怕是我妈来开门，而我会因此丧失勇气。但幸运的是，我爸来开了门。

"我没有浪费一丁点儿的时间——我踏进门就说：'爸，我只是来告诉你，我爱你。'

"我父亲听了我的话，他不禁哭了，他伸手拥抱我说：'我也爱你，儿子，原谅我竟一直没能对你这么说。'

"这一刻如此珍贵，我祈盼它凝止不动。爸和我又拥抱了一会儿，长久以来我很少感觉这么好过。

"但这不是我要说的重点。两天后，那从没告诉我他有心脏病的爸爸忽然病发，在医院里结束了他的一生。我并没有想到他会如此。

"如果当时我迟疑着没有告诉我爸，我就可能没有机会了！所以我要告诉全班的是：你知道必须做，就不要迟疑。把时间拿来做你该做的事，现在就去做！"

心灵寄语

爱，需要大声地表达，不论是对你的爱人还是父母！然而，我们对情人热切的表达已经够多了，却从未向伟大的父母表达过。现在就去做，你的一句话对你父母来说，胜过他们拥有的任何一件珍宝！

亲人之间相互理解

典型的具有献身精神的爱是母爱。将自己的一切奉献给孩子——母爱就是如此彻底，这也可以说是生命的本能。

——池田大作

一天晚上，小琳琳跟妈妈吵架了，她什么都没带就往外跑。但是，走了一段路，她发现自己竟然一分钱都没带，连打电话的钱都没有！

走着走着，她肚子饿了，看到前面有一个面摊，煮出的馄饨香喷喷的，一定很好吃！可是，她没钱啊！

过了一段时间，面摊老板看到小琳琳还站在那边，一直没有离开，就问她："小姑娘，你是不是要吃面啊？"

"但是……但是我忘了带钱。"小琳琳很不好意思地回答。

面摊老板热情地说："没关系，我可以请你吃呀！来，我给你煮碗馄饨吃吧，怎么样？"

"太好了！"小琳琳已经饿得不行了。

不一会儿，老板端来了一碗馄饨和一碟小菜。小琳琳吃了几口，忍不住掉下了眼泪。"小姑娘，你怎么了？"老板问道。

"哦，我没事，我只是感激！"小琳琳边擦眼泪边对老板说："您是陌生人，我们又不认识，只不过在路上看到我，就对我这么好，煮馄饨给我吃！但是……我妈，我跟她吵架了，她竟然把我赶出来了，还不让我再回去了……您是陌生人都能对我这么好，而我妈，竟然对我这么绝情！"

老板听了，委婉地劝说她："小姑娘，你怎么会这样想呢！你想想看，我只不过煮了一碗馄饨给你吃，你就这么感激我，而你妈呢？煮了十多年的饭，洗了十多年的衣服给你，你怎么不感激她呢？你怎么还要跟她吵架呢？"

小琳琳听了这话，当场愣住了！

是啊！陌生人煮了一碗馄饨，我都如此感激，而妈妈辛苦地把我养大，也煮了十多年的饭给我吃，我为什么不感激她呢？

而且，只是因为一件小事，我就跟妈妈大吵了一架，唉……匆匆吃完馄饨，小琳琳鼓起勇气，朝家走去，她恨不得飞回家对妈妈说："妈！对不起，我错了！"

当小琳琳走到自家胡同口时，看到妈妈那疲惫而又熟悉的身影，正焦急地左右张望……

看到小琳琳回来了，妈妈惊喜地叫道："小琳琳啊！你让妈急死了！赶紧回家吧！饭已经做好了，菜都快凉了！妈以后不再跟你吵架了，好吧？"

此时，小琳琳的眼泪不争气地涌了出来，在模糊的视线中，她看到了妈妈泛红的双眼……

理解是人与人之间最难得的一种关系,感情可以伴随着理解而变得融洽,而事实上,要我们理解自己最亲近的人往往却是最难的。为什么?因为我们习惯了最亲的人给予我们的无私的付出。所以,我们更要对父母表达出我们的爱。

老牛拦水,无私的母爱

母亲的安宁和幸福取决于她的孩子们。

——苏霍姆林斯基

这是一个真实的故事。故事发生在西部的青海省,一个极度缺水的地方。这里,每人每天的用水量严格地限定为三斤,这还得靠驻军从很远的地方运来。日常的饮用、洗漱、洗菜、洗衣,包括喂牲口,全都依赖这三斤珍贵的水。

人缺水不行,牲畜也一样,渴啊!有一天,一头一直被人们认为憨厚、忠实的老牛渴极了,挣脱了缰绳,强行闯入沙漠里唯一的也是运水车必经的公路。运水车终于来了,老牛以不可思议的识别力,迅速地冲上公路,军车一个紧急刹车戛然而止。老牛沉默地立在车前,任凭驾驶员呵斥驱赶也不肯挪动半步。五分钟过去了,双方依然僵持着。运水的战士以前也碰到过牲口拦路索水的情形,但它们都不像这头牛这般倔强。人和牛就这样耗着,最后造成了堵车,后面的司机开始骂骂咧咧,性急的甚至试图点火驱赶,可老牛不为所动。

后来,牛的主人寻来了,恼羞成怒的主人扬起长鞭狠狠地抽打在瘦骨嶙峋的牛背上,牛被打得皮开肉绽、叫唤,但还是不肯让开。鲜血沁了出来,染红了鞭子,老牛的凄厉哞叫,和着沙漠中阴冷的风,显得分外的悲壮。一旁的运水战士哭了,骂骂咧咧的司机也哭了。最后,运水的战士说:"就让我违反一次规定吧,我愿意接受一次处分。"他从车上取出半盆水——正好三斤左右,放在牛面前。

出人意料的是，老牛没有喝以死抗争得来的水，而是对着夕阳，仰天长哞，似乎在呼唤什么。不远的沙堆背后跑来一头小牛，受伤的老牛慈爱地看着小牛贪婪地喝完水，伸出舌头舔舔小牛的眼睛，小牛也舔舔老牛的眼睛，静默中，人们看到了牛母子眼中的泪水。没等主人吆喝，它们掉转头，慢慢往回走。

心灵寄语

一头憨厚、忠实的老牛倔强地拦路索水，最后，它竟把自己被打得皮开肉绽作为代价换来的水给小牛喝。这样的母爱还有什么可以挑剔的呢？犹太人有句谚语："上帝不能无所不在，才为人类创造了妈妈。"

别忽略父母默默付出的心

在这个世界上，我们永远需要报答的最美好的人，这就是母亲。
——奥斯特洛夫斯基

新加坡一位名牌大学毕业的青年应聘于一家大公司。经理审视着他的脸，出人意料地问："你替父母洗过脚、擦过身吗？""从来没有过。"青年很老实地回答。"那么，你替父母捶过背吗？"青年想了想："有过，那是我在读小学的时候，那次母亲还给了我10元钱。"

在诸如此类的交谈中，经理只是安慰他别灰心，会有希望的。青年临走时，经理突然对他说："明天这个时候，请你再来一次。不过有一个条件，刚才你说从来没有替父母洗过脚，明天来这里之前，希望你一定要为父母洗一次。能做到吗？"这是经理的吩咐，因此青年一口答应了。

青年虽大学毕业，但家境贫寒。他刚出生不久父亲便去世了，从此，母亲拼命挣钱。孩子渐渐长大，成绩优异，考进新加坡名牌大学。学费虽令人生畏，但母亲毫无怨言，继续帮佣供他上学。直至今日，母亲还去做佣人，青年到家时母亲还没有回来。母亲出门在外，脚一定很脏，他决定替母亲洗脚。

母亲回来后，见儿子要替她洗脚，感到很奇怪："脚，我还洗得动，我自己来洗吧。"于是青年将自己必须替母亲洗脚的原委一说,母亲很理解,便按儿子的要求坐下,等儿子端来水盆,把脚伸进水盆里。

青年右手拿着毛巾,左手去握母亲的脚,他才发现母亲的那双脚已经像木棒一样僵硬,他不由得搂着母亲的脚潸然泪下。在上学时,他心安理得地花着母亲如期送来的学费和零花钱,现在他才知道,那些钱是母亲的血汗钱。

第二天,青年如约去那家公司,对经理说:"现在我才知道母亲为我受了很多的苦,你使我明白了在学校里没有学到的道理,谢谢经理。如果不是你,我还从来没有握过母亲的脚,我只有母亲一个亲人,我要照顾好母亲,再不能让她受苦了。"

经理点了点头,说:"你明天来公司上班吧。"

心灵寄语

人是最善于索取的动物,在亲人无私的爱护下,我们渐渐觉得父母所做的是理所当然的,在接受时渐渐变得心安理得。不要漠视父母为我们付出的辛劳,更别忽略了父母那颗默默付出的心,当我们惊讶于父母衰老的身体时,马上行动,还来得及……

拥有孝心,才会享受家人带来的快乐

一家人能够互相密切合作,才是世界上唯一真正的幸福。

——居里夫人

1957 年诺贝尔文学奖获得者、法国当代著名小说家和哲学家阿尔贝·加谬出生在一个贫苦的家庭。在他还不懂事的时候,父亲就在战场上牺牲了,只剩下母亲与他相依为命。因为家里没有什么积蓄,小加谬和妈妈的生活特别艰难。但是,为了不让儿子在同伴中感到自卑,在小加谬到了上学年龄后,妈妈还是毫不犹豫地把他送到了学校。懂事的小加谬很快就发现,因为自己上学又增加了学费和其他一些花销,妈妈肩上的担子更重了。妈妈每天都努力地工作着,由于经常熬夜,才三十几岁的人,脸上就已经早早地爬满了皱纹。懂事的小加缪看在眼里,疼在心里。

一天晚上，小加谬又伏在那盏小煤油灯下复习功课，写完作业后，他看见妈妈还在忙碌，自己又帮不上忙，就早早地上床睡觉了。半夜里，小加谬忽然被一阵咳嗽声惊醒了，睁开眼睛一看，原来妈妈还没有睡，她正借着微弱的灯光缝补衣服呢。小加谬再也忍不住了，他一骨碌从被子里爬起来："妈妈，我以后再也不能让你这么辛苦了。你看，我已经长大了，是个小男子汉了，我想出去找点活儿干，帮你减轻一下负担。"

儿子善解人意的话，让妈妈的眼睛湿润了，她把小加谬紧紧地搂在怀里，泪水顺着面颊流了下来。

看见妈妈流下的眼泪，小加谬有些不知所措："妈妈，难道我说错了吗？你为什么哭了？"

"好孩子，你没有说错。可是你现在还太小了，妈妈怎么舍得让你去干活儿呢？你现在需要做的是好好学习，只有等你长大了，才能帮妈妈减轻负担呀。"妈妈抚摸着小加谬的头轻轻地说。

听了妈妈的话，小加谬认真地点了点头，从那以后，他学习更认真了。但是，无论妈妈怎么努力，他们家的生活还是越来越困难。读完小学以后，在小加谬的一再央求下，妈妈终于同意了他的要求，让他去做些事情，帮助家里减轻负担，但前提条件是不能耽误自己的学习。从那以后，小加谬一边读书，一边劳动。一开始，他找到了一份扫大街的工作。对小加谬来说，这份工作无疑是份苦差事。因为他每天不仅要很早起床，还要拿着几乎跟他一样高的扫帚去扫大街。人小，扫的地方又大，小加谬常常累得满头大汗。

为了给妈妈减轻负担，小加谬努力着坚持下来了。后来，小加谬又到一个饭馆去洗碗。这个工作和扫大街的工作比起来更辛苦，小加谬和几个小伙计每天都拼命干活，还常常不能按时洗完那些推得像小山一样高的碗碟。

艰难的生活让小加谬经受了磨炼，也养成了他刻苦勤奋的优良品质。后来，他通过自己的不懈努力，考上了大学，并最终获得了诺贝尔文学奖，成为举世瞩目的大文学家。

心灵寄语

孝心能成就一个人的成功吗？答案不是绝对的肯定。然而，孝心足以成就一个伟大的人。拥有孝心的人，才能体会到爱家人带来的满足与快乐，那是多少金钱也换不来的财富。